DIE NEUE BREHM-BÜCHEREI

279

Die Hefen

2., unveränderte Auflage
Nachdruck der 1. Auflage von 1961

Dr. Gunther Müller

WV Die Neue Brehm-Bücherei Bd. 279
Westarp Wissenschaften · Hohenwarsleben · 2011

Mit 64 Abbildungen

Umschlagbild:
Links: Riesenkolonie einer „Schimmelhefe“ auf künstlichem Nährboden
Rechts: Drei Kolonien von *Aspergillus niger* van Tieghem auf künstlichem Nährboden
Aufnahmen: Institut für Mikrobiologie der Humboldt-Universität, Berlin

2., unveränderte Auflage
Nachdruck der 1 . Auflage von 1961

http://www.westarp.de

Gesamtherstellung: Westarp, Hohenwarsleben

Inhaltsverzeichnis

Einleitung

Zu den beiden bekannten Gebieten der Biologie, der Zoologie und der Botanik, hat sich in jüngster Zeit ein dritter Wissenszweig immer mehr zur Selbständigkeit entwickelt: die Mikrobiologie. „Mikros“ heißt klein, und die Mikrobiologie ist demnach die Lehre von den kleinsten, den mit bloßem Auge unsichtbaren Lebewesen. Man nennt sie Mikroorganismen oder auch einfach Mikroben.

Wenn hier von „klein“ die Rede ist, so bezieht sich das nur auf die Größe, keinesfalls auf die Bedeutung der Mikroorganismen. Dies wird sofort deutlich, wenn man sich vergegenwärtigt, daß im Mittelalter nahezu ganze Städte durch krankheitserregende Mikroben, vor allem Bakterien, entvölkert wurden. Aber mit diesen Geißeln der Menschheit wollen wir uns im folgenden nicht beschäftigen.

Zu den Mikroorganismen gehören nicht nur Krankheitserreger, sondern auch nützliche Helfer des Menschen. Bei der Herstellung von Brot, Wein, Bier, Käse und anderen Nahrungs- und Genußmitteln spielt eine Gruppe von Mikroorganismen eine große Rolle: die Hefen. Bäckerhefe ist jedem bekannt, aber für den Fachmann ist das bei weitem nicht die einzige Hefeart. Wie man unter den Speisepilzen Pfifferling, Steinpilz, Champignon, Trüffel, Morchel und viele andere Pilzarten voneinander unterscheidet, so unterscheidet der Mikrobiologe auch verschiedene Hefearten. Er spricht deshalb nicht von Hefe, sondern von Hefen.

Was sind Hefen?

Wer auf diese Frage eine kurze, klare Antwort erwartet, den müssen wir leider enttäuschen. Die klassische Formulierung, nach der man als Hefen einzellige, von Chlorophyll freie Mikroorganismen bezeichnet, die sich durch Sprossung vermehren und die durch Gärung Zucker in Alkohol und Kohlendioxyd umwandeln, gilt nach dem heutigen Stand der Wissenschaft wenigstens teilweise als überholt. Wohl zählt nach wie vor die Vermehrung durch Sprossung als ein Hauptkennzeichen der Hefen, doch rechnet man auch eine Gruppe von Pilzen dazu, die sich wie die Bakterien durch Spaltung vermehren. Andere Hefeorganismen können sich sowohl durch Sprossung als auch durch Myzelbildung vermehren. Hinsichtlich der Gärung ist festzustellen, daß bei weitem nicht alle Hefeorganismen — man unterscheidet gegenwärtig etwa 500 verschiedene Arten — zur Alkoholbildung fähig sind.

Die Gruppe der Hefen umfaßt demnach eine Reihe von Mikroorganismen verschiedener Herkunft. Sie ist nicht eindeutig gegenüber anderen Mikroorganismengruppen abgegrenzt. Über ihre Abstammung herrscht noch keine endgültige Klarheit. Es ist anzunehmen, daß die Hefen primitive Formen der Schlauchpilze (Ascomyzeten) sind. Von einer bestimmten Gruppe können sie jedoch nicht abgeleitet werden.

Das Wort „Hefe“ selbst hängt offensichtlich eng mit den Gärungsvorgängen und dem auf jeder gärenden Flüssigkeit sich erhebenden Schaum zusammen. Das mittelhochdeutsche „heffe“ bedeutet wohl soviel wie „heben“, dem der holländische Ausdruck „heffen“ gleichkommt. Auch die französische Bezeichnung für Hefe „levure“ deutet auf die gleiche Eigenschaft hin, denn „lever“ heißt soviel wie aufgehen, erheben. In der englischen Sprache heißt Hefe „yeast“, in der holländischen „gist“, und auch diese Bezeichnungen bedeuten soviel wie Schaum. Das deutsche Wort „Gischt“ drängt sich in diesem Zusammenhang förmlich auf. Als man gelernt hatte, daß die hebende Kraft der Gärung offensichtlich im Bodensatz der gärenden Flüssigkeit enthalten war, wurde die Bezeichnung „heffe“ (Hefe) wahrscheinlich auf diesen übertragen. Th. Schwann und C. Cagniard-Latour entdeckten dann im 19. Jahrhundert, daß der Bodensatz aus lebenden ovalen oder runden Zellen besteht, die sich vermehren können.

Vor diesen beiden Forschern hatte bereits der Holländer Antonie van Leeuwenhoek Hefezellen mit selbstgebastelten Mikroskopen beobachtet. Er berichtete darüber 1680 in einem Brief der Royal Society zu London.

Inzwischen haben zahlreiche Forscher in Laboratorien der ganzen Welt die Geheimnisse der Hefen gelüftet. Würde man sämtliche dar-

Abb. 1. (Antonie van Leeuwenhoek (1632 bis 1723).

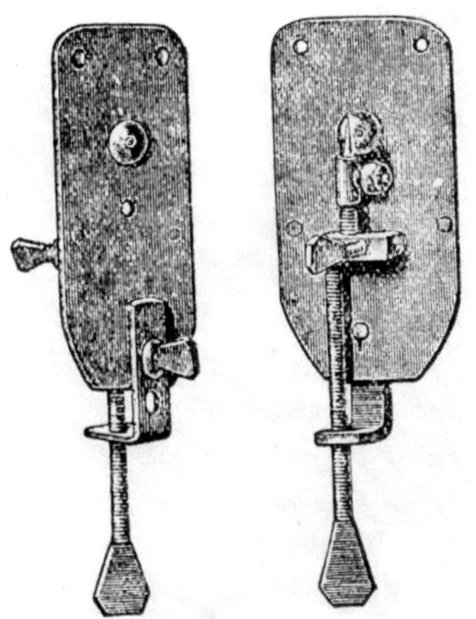

Abb. 2. Selbstgebautes Mikroskop, mit dem A. van Leeuwenhoek die ersten Beobachtungen von Mikroorganismen durchführte.
Links Vorderseite, rechts Rückseite.

über erschienenen Arbeiten zusammentragen, so könnte man damit eine eigene Bibliothek füllen.

Besondere Fortschritte wurden bei der Erforschung der Hefen sowie der Mikroorganismen überhaupt durch die Vervollkommnung und Weiterentwicklung der Technik erzielt. Die Schaffung von lei-

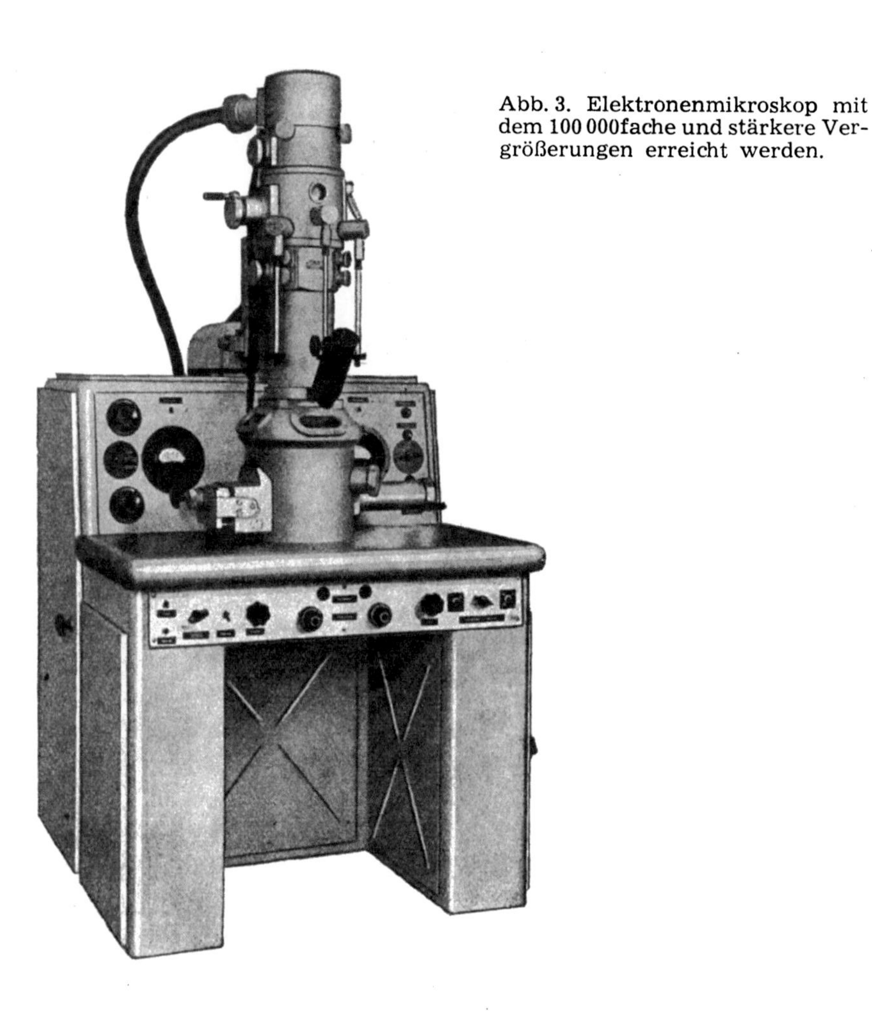

Abb. 3. Elektronenmikroskop mit dem 100 000fache und stärkere Vergrößerungen erreicht werden.

stungsfähigen Lichtmikroskopen und später von Elektronenmikroskopen ermöglichten einen Einblick in den Feinbau der Mikroorganismenzelle und damit auch der Hefenzelle.

Wie weit die Technik bereits fortgeschritten ist, kann uns am besten ein Größenvergleich veranschaulichen. Ein Menschenhaar hat etwa einen Durchmesser von 70 μ (sprich My), das sind 0,070 mm. Eine Hefezelle hat dagegen nur einen Durchmesser von etwa 3 bis 5 μ und ist etwa 5 bis 7 μ lang. Gegenwärtig ist man bereits in der Lage, von diesen winzigen Hefezellen mit Hilfe besonderer Methoden sogenannte „Ultradünnschnitte“ herzustellen.

Der Bau und die chemische Zusammensetzung der Hefezellen

Betrachtet man etwas Bäckerhefe unter dem Mikroskop, so sieht man zahlreiche kugel- oder eiförmige Zellen. Es gibt andere Hefearten, deren Zellen entweder spindelförmig, wurstförmig oder auch zitronenförmig aussehen.

Die Zellen liegen entweder einzeln oder es hängen mehrere in einem lockeren Zellverband zusammen. Der Zusammenschluß vieler Zellen zu höher organisierten Kolonien oder zu unteilbaren mehrzelligen Lebewesen mit weitgehender Arbeitsteilung zwischen den einzelnen Zellen, wie er bei den höheren Pflanzen üblich ist, kommt bei den Hefen nicht vor. Jede Hefezelle stellt ein völlig selbständiges Hefeindividuum dar und ist für sich allein lebensfähig. Dementsprechend muß jede Hefezelle auch alle Leistungen vollbringen können, die wir unter dem Begriff „Leben“ verstehen. Sie muß die notwendige Nahrung aufnehmen und verarbeiten, um daraus ihren Körper aufzubauen oder Energie zu gewinnen für andere Lebenspro-

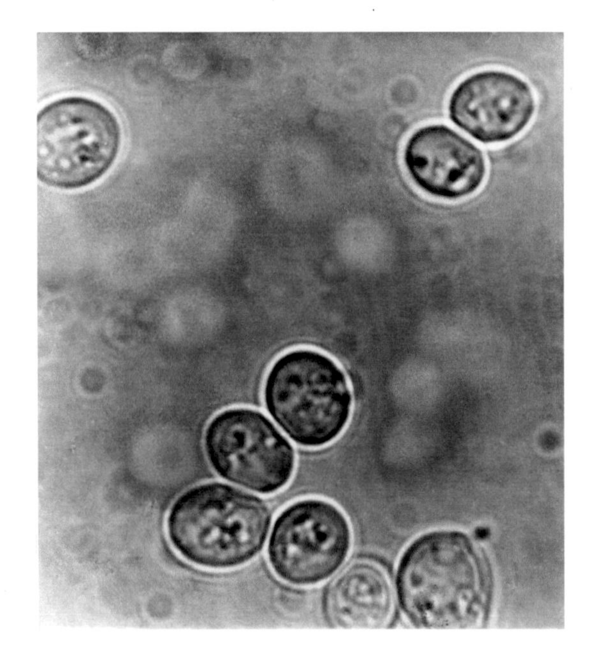

Abb. 4. Bäckerhefe unter dem Mikroskop.

zesse, wie z. B. die Vermehrung oder die Ausscheidung von giftigen Stoffwechselprodukten. Um all diese komplizierten Lebensleistungen vollbringen zu können, ist die Hefezelle entsprechend zweckmäßig gebaut. Sie besteht wie die Pflanzenzelle im wesentlichen aus drei Bestandteilen: Zellplasma, Zellkern und Zellwand.

Die Zellwand

Sie umschließt das Zellplasma und bildet den äußeren Abschluß jeder Hefezelle, sie bestimmt die Gestalt. Bei jungen Zellen, die gewöhnlich noch klein sind, ist die Zellwand als dünne Membran ausgebildet. Mit zunehmendem Alter verdickt sie sich und ist unter dem Mikroskop deutlich erkennbar. Nach außen kann sie außerdem von einer Schleimschicht umgeben sein. Sehr alte Zellen, die durch besonders dicke Zellwände widerstandsfähig sind, nennt man Dauerzellen.

Durch die Zellwand kann die Hefezelle die notwendige Nahrung direkt aus ihrer Umgebung aufnehmen. Sie besitzt Poren, durch die die gelösten Nahrungsstoffe eindringen können. Ein besonderer Zellmund, wie er bei zahlreichen anderen einzelligen Lebewesen ausgebildet ist, ist bei den Hefen nicht vorhanden. Einen Zellafter gibt es ebenfalls nicht. Aus diesem Grunde können von der Hefezelle nur kleine, niedermolekulare gelöste Stoffe aufgenommen und ausgeschieden werden.

Über die chemische Zusammensetzung der Hefezellwand ist bisher nur wenig bekannt. Im wesentlichen besteht sie wohl aus „Pilz-

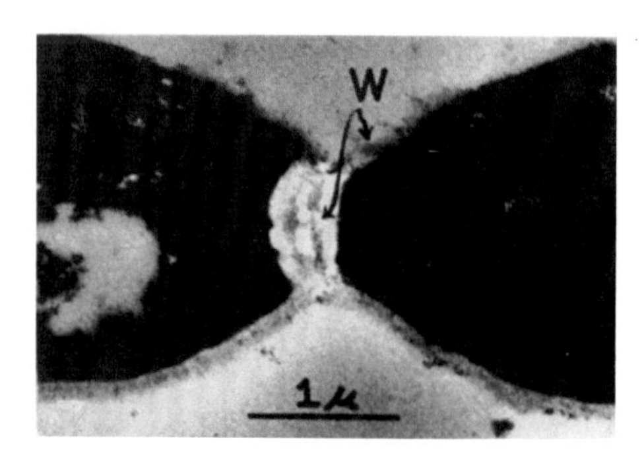

Abb. 5. Elektronenmikroskopische Aufnahme der Hefezellwand (W).

zellulose“ (Hemizellulose) und dem sogenannten „Hefegummi“, beides Substanzen, die chemisch mit der Zellulose eng verwandt sind. Echte Zellulose, die bei den höheren Pflanzen den wesentlichen Baustoff der Zellwände liefert, kommt bei den Hefen nicht vor. Während man früher annahm, daß Eiweiß in der Zellwand nicht enthalten sei, hat man neuerdings Stickstoff, einen wesentlichen Baustein des Eiweißes, nachweisen können. Möglicherweise stammt der Stickstoff aus dem Chitin, das sowohl bei Hefen als auch bei Schimmelpilzen und Speisepilzen vorkommt. Außer bei Mikroorganismen wird Chitin vor allem in dem stabilen Panzer der Insekten gefunden. Eigenartigerweise sollen Kulturhefen kein Chitin enthalten.

Das Zellplasma (Zytoplasma)

Es ist bei jungen Zellen noch eine einheitliche, schwach lichtbrechende Substanz. In alten Zellen sind stärker lichtbrechende Körperchen, die Granula, zu finden. Das Zellplasma besteht vorwiegend aus Eiweißen und dem Zellsaft, in dem Salze und organische Substanzen gelöst sind. Bei älteren Zellen sind in dem Zellplasma ein oder mehrere helle, runde Gebilde, die „Vakuolen“ eingelagert. Vakuolen nennt man sie deshalb, weil man früher annahm, daß es sich um leere Räume handelt. Inzwischen hat sich herausgestellt, daß in den Vakuolen wichtige Reservestoffe gelagert werden. Einer dieser Reservestoffe ist das Volutin, das in Form der metachromatischen Granula gefunden wird. Es besteht aus einer Nukleinsäureverbindung und enthält neben Stickstoff auch den wichtigen Phosphor.

Neben dem Volutin werden in der Hefezelle zahlreiche andere Stoffe gespeichert. Im Mikroskop sind sie besonders bei älteren Zellen als Granula oder stärker lichtbrechende Tröpfchen zu erkennen und können mit besonderen Färbemethoden deutlich sichtbar gemacht werden. Ein wichtiger Reservestoff der Hefen ist das Glykogen, ein Kohlehydrat. Glykogen, das auch bei dem Menschen und bei Tieren in der Leber gespeichert wird, ist chemisch mit der Stärke verwandt. Es hat die gleiche Summenformel $(C_6H_{10}O_5)x$ und wird ebenfalls aus Zuckermolekülen aufgebaut. In der Trockenmasse der Hefezellen ist Glykogen etwa zu 30 % enthalten. Der chemische Nachweis gelingt mit Jod-Jodkalium-Lösung, wobei es eine rotbraune Farbe annimmt.

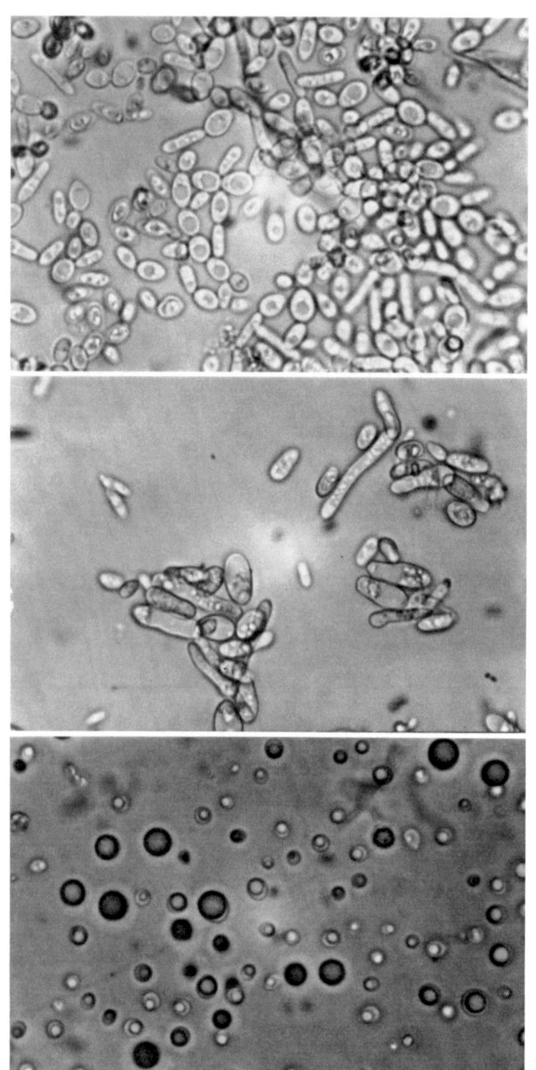

Abb. 6. 48 Stunden alte Hefezellen. Im Inneren sind die Vakuolen deutlich als große helle Kugeln zu erkennen.

Abb. 7. *Saccharomyces pastorianus* Hansen. In Bierwürze gewachsene Zellen mit gut sichtbaren Granula.

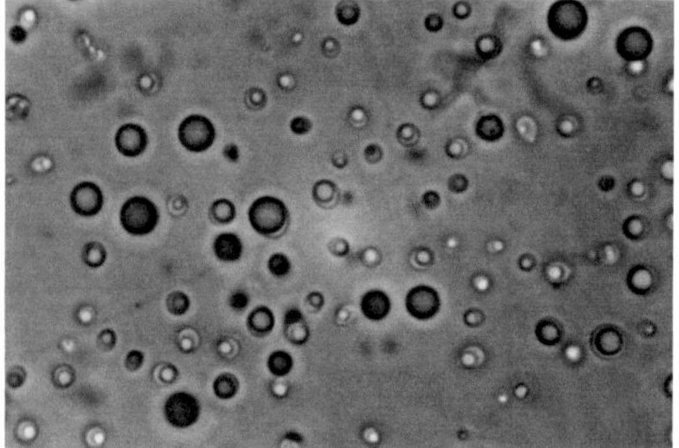

Abb. 8. Hefezellen aus Nektar mit besonders großen Fetttropfen, die teilweise fast die ganze Zelle einnehmen.

Einige Hefearten können beträchtliche Mengen Fett speichern. Man kann dies nachweisen, indem man die Hefezellen mit einprozentiger Osmiumsäure behandelt. Unter dem Mikroskop erscheinen dann die sonst stark lichtbrechenden Fettkügelchen in einem braunen bis schwarzen Farbton. Im ersten Weltkrieg hat man versucht, das Hefefett zu gewinnen und der menschlichen Ernährung zuzuführen. Durch besondere Maßnahmen gelang es, Hefen mit einem Fettgehalt bis zu 7 % der Trockensubstanz zu züchten, während der normale Fettgehalt bei etwa 2 % liegt.

An weiteren Bestandteilen der Hefezellen sind Enzyme und Wuchsstoffe zu nennen. Auch Farbstoffe können eingelagert werden, wie die Karotinoide, die den „Roten Hefen“ ihr schönes Aussehen verleihen. Die „Schwarzen Hefen“ werden neuerdings nicht mehr zu den Hefen gezählt.

Der Zellkern

Im Zentrum des Zellplasmas, meist neben einer Vakuole, liegt der Zellkern eingebettet. Er ist von der dünnen Kernmembran umgeben, die ihn gegen das Zytoplasma abgrenzt. Der Hefezellkern ist relativ klein und kann gewöhnlich nur durch besondere Färbemethoden sichtbar gemacht werden. Er spielt bei der Vermehrung eine wichtige Rolle. Bei der Sprossung einer Hefezelle wandert er stets zu dem sprossenden Pol, teilt sich, und eine Teilungshälfte erhält die neu entstehende Tochterzelle. Über den Bau des Zellkerns bestehen unter den Wissenschaftlern noch unterschiedliche Auffassungen, und über die Kernteilung ist ebenfalls erst wenig bekannt. Wahrscheinlich nimmt der Kern der Hefezellen eine Zwischenstellung zwischen dem meist deutlich ausgeprägten Zellkern der höheren Pilze und den Nukleoiden der Bakterien ein. Hier müssen zukünftige Forschungsarbeiten noch Klarheit schaffen.

Chemisch besteht der Hefezellkern ebenso wie der Zellkern der höheren Pflanzen vorwiegend aus Nukleoproteiden. Nukleoproteide sind hochmolekulare Eiweißverbindungen. Sie kommen auch im Zellplasma vor und setzen sich aus einem Proteinkörper und einer Nukleinsäure zusammen. Man kennt zwei verschiedene Nukleinsäuren. Das ist die Ribonukleinsäure und die ein Sauerstoffatom weniger enthaltende Desoxyribonukleinsäure. Im Kern ist vorwiegend Desoxyribonukleinsäure enthalten.

Im allgemeinen bestehen Hefezellen zu etwa 75 % aus Wasser. Die 25 % Trockensubstanz setzen sich etwa folgendermaßen zusammen:

Protein	52 %
Fett	2 %
Glykogen	30 %
Zellulose, Gummi usw.	7 %
Asche	9 %

Je nach den unterschiedlichen Züchtungsbindungen schwanken die einzelnen Bestandteile in ihrer prozentualen Zusammensetzung. Weiterhin ist die Zusammensetzung der Trockensubstanz bei verschiedenen Hefeorganismen unterschiedlich. So kann der Ascheanteil zwischen 3,8 und 9 % liegen. Nach Jörgensen-Hansen setzen sich die mineralischen Bestandteile verschiedener Hefeaschen folgendermaßen zusammen:

Kaliumoxyd	K_2O	23,3 –39,5 %
Natriumoxyd	Na_2O	0,5 – 2,2 %
Kalziumoxyd	CaO	1,0 – 4,5 %
Magnesiumoxyd	MgO	3,7 – 8,5 %
Eisenoxyd	Fe_2O_3	0,06– 0,7 %
Phosphorpentoxyd	P_2O_5	44,8 –59,4 %
Schwefeltrioxyd	SO_3	0,57– 6,3 %
Siliziumdioxyd	SiO_2	0,92– 1,8 %

Danach sind in der Hefeasche vorwiegend Kalium- und Phosphorverbindungen enthalten. Der Phosphor ist für die Hefen ein besonders wichtiges Lebenselement. Bei der Gärung, der Umwandlung von Zucker in Alkohol und Kohlendioxyd, ist er unentbehrlich. Wir werden darauf in einem späteren Kapitel ausführlich eingehen.

Die chemische Zusammensetzung der Zellbestandteile ist außer von den aufgenommenen Nährstoffen vom Lebensalter der Zellen abhängig. So kann der Fettgehalt von Hefezellen nicht nur durch starke Belüftung erhöht werden, sondern er ist in alten Zellen gewöhnlich höher als in jungen.

Die Vermehrung der Hefen

Sprossung

Als Hefen faßt man eine Gruppe von Pilzen zusammen, die sich durch eine besondere Form der Vermehrung, die Sprossung, auszeichnen. Wie man die Bakterien, die sich durch Spaltung vermehren,

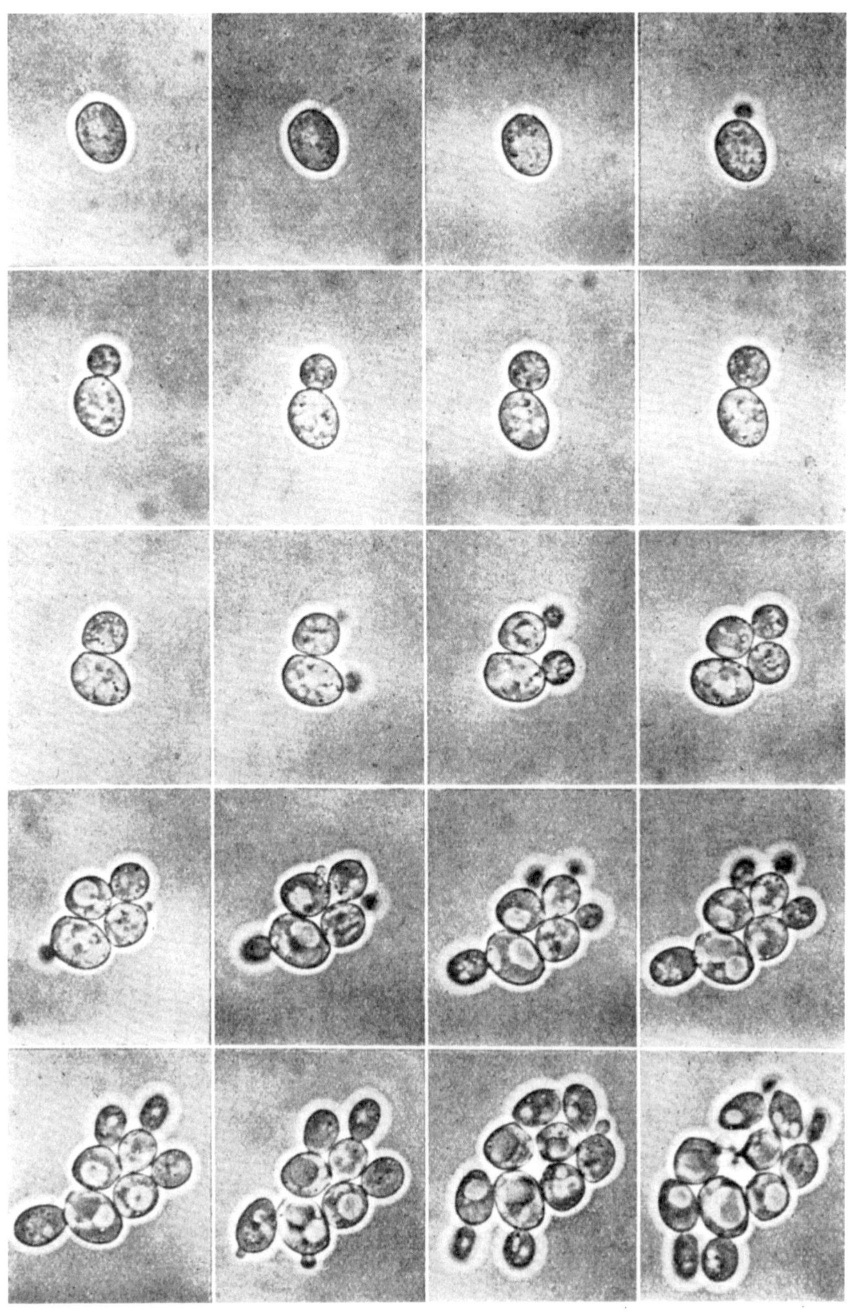

Abb. 9. Sprossende Hefezellen. Die Aufnahmen wurden jeweils im Zeitabstand von 15 Minuten gemacht (Photo R. Müller).

als Spaltpilze bezeichnet, so bezeichnet man die Hefen entsprechend auch als Sproßpilze. Der Vorgang der Sprossung ist einfach zu verstehen. Hat sich eine einzelne Hefezelle, also ein selbständiges Hefelebewesen genügend gekräftigt und ist sie zu entsprechender Größe herangewachsen, so wandert der Zellkern aus dem Zentrum der Zelle in Richtung zur Wand. Die sogenannte Mutterzelle bildet eine kleine Ausbuchtung, Knospe oder Sproß genannt, in die ein Teil des Zellplasmas der Mutterzelle einfließt. Der Zellkern teilt sich, und eine Hälfte wandert ebenfalls in die neue Tochterzelle ein. Die Tochterzelle kann nunmehr von der Mutterzelle abgeschnürt werden und ist selbständig lebensfähig. Sie wächst und kann schon nach kurzer Zeit selbst Tochterzellen abschnüren. Werden die Tochterzellen an der gesamten Oberfläche der Mutterzelle gebildet, so spricht man von multilateraler Sprossung. Polare Sprossung, bei der

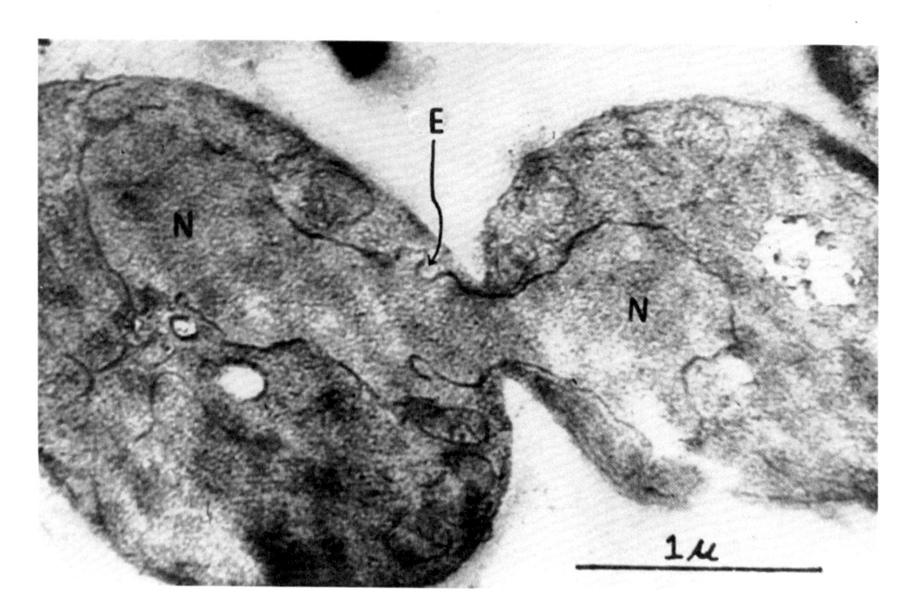

Abb. 10. Hefezellen in Teilung. Die große Mutterzelle (links) hat eine Sproßzelle (rechts) gebildet, in die ein Teil des Kerns (N) eingeflossen ist. Deutlich ist auch die beginnende Kernteilung in der Mutterzelle zu erkennen. Die Einschnürung (E) verengt sich in der weiteren Entwicklung so weit, daß der ursprüngliche Kern völlig durchgeschnürt wird.

Abb. 11. Endstadium der Sprossung. Jede Zelle besitzt einen eigenen Zellkern (N), obwohl Mutter- und Tochterzelle noch durch eine gemeinsame (im Bild unsichtbare) Zellwand miteinander verbunden sind. Der Zellkern der großen Mutterzelle wandert von dem Sproßpol wieder in das Zentrum der Zelle. Neben den Zellkernen liegen die Vakuolen (V).

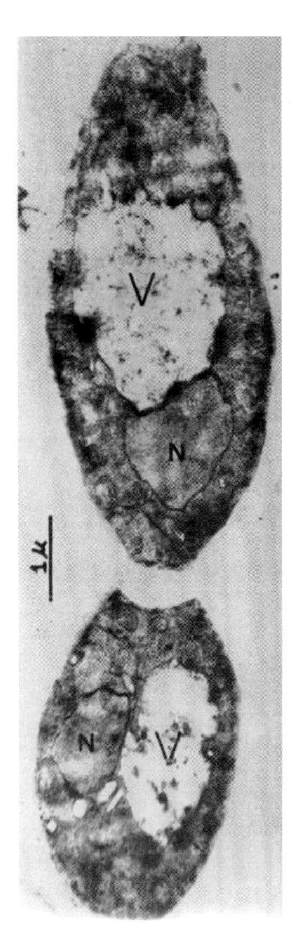

die Sproßzellen nur an den beiden Zellenden gebildet werden, kommt vorwiegend bei langgestreckten, zylindrischen Zellformen vor.

Pseudomyzelbildung

Eine Mutterzelle kann bis zu 20 Tochterzellen bilden. Werden die Tochterzellen nicht völlig von der Mutterzelle getrennt, so entsteht eine mehr oder weniger stark verzweigte Kette von Sproßzellen. Man nennt diese zusammenhängenden Hefezellen einen Sproßverband. Im Sproßverband bleibt weiterhin jede einzelne Zelle für sich voll lebensfähig. Er verkörpert also kein neues, höher organisiertes mehrzelliges Individuum.

Abb. 12. *Pichia polymorpha* Klöcker. 4 Wochen alte Riesenkolonie auf künstlichem Nährboden in einer Petrischale.

Bleiben die von einer Mutterzelle gebildeten zahlreichen Nachkommen mehr oder weniger eng auf einen begrenzten Lebensraum vereinigt, so spricht man von einer Kolonie. Eine Kolonie kann schon nach wenigen Tagen so viele Zellen enthalten und so groß werden, daß man sie mit bloßem Auge wahrnehmen kann. Wir haben alle schon Hefekolonien gesehen, wenn auch unbewußt. Die Kahmhaut auf der Brühe von eingelegten Gurken besteht beispielsweise aus Hefekolonien. Meist wird sie jedoch nicht nur aus Hefe-, sondern zusammen mit Bakterienkolonien gebildet. Besonders schöne Kolonien bilden einige Hefearten, wenn sie auf künstlichen Nährböden gezüchtet werden, wie es die Abbildung 12 zeigt. Der geübte Mikrobiologe kann anhand des Koloniebildes unterschiedliche Hefearten voneinander unterscheiden.

Es gibt einige Hefearten, die sehr langgestreckte Sproßzellen bilden können. Ihre Sproßverbände haben Ähnlichkeit mit dem Myzel der Schimmelpilze. Man bezeichnet sie deshalb als Pseudomyzel. Vom echten Myzel unterscheidet sich das Pseudomyzel durch die Art der Querwandbildung. Nur beim echten Myzel werden die Querwände der Hyphen erst nachträglich gebildet und teilen demnach eine

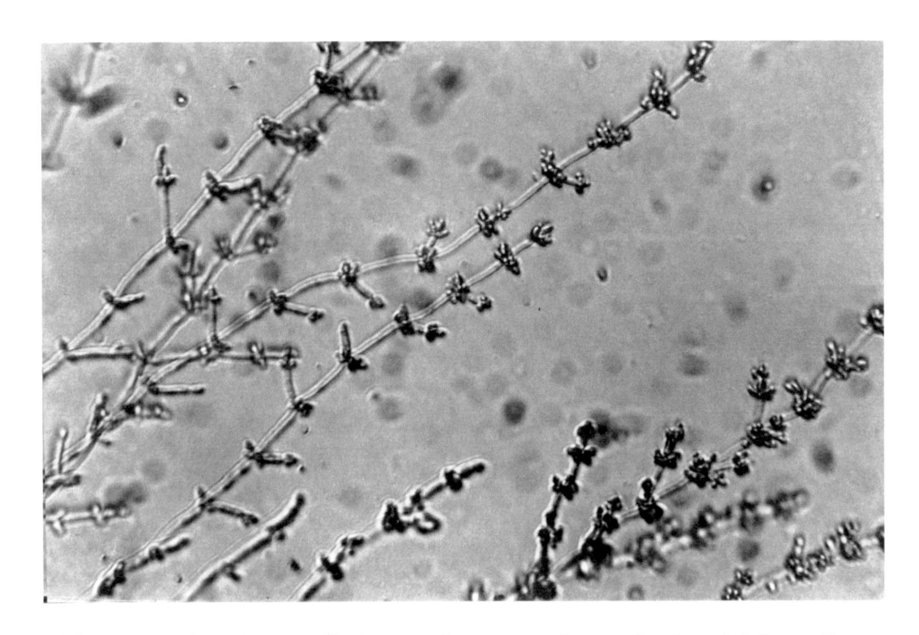

Abb. 13. *Candida krusei* (Cast.) Berkhout. Pseudomyzel mit seitlich ansitzenden Blastosporenhaufen. Der Untergrund ist von dem künstlichen Nährboden getrübt.

Tochterzelle erst nachträglich in mehrere auf. Teilweise können an den langgestreckten, fadenähnlichen Pseudomyzelzellen seitlich kleinere, runde oder ovale Zellen gebildet werden, die gewisse Ähnlichkeit mit den Sporen der Schimmelpilze haben. Man nennt sie Blastosporen. Blastosporen werden ebenfalls durch Sprossung gebildet und vermehren sich wiederum durch Sprossung.

Myzelbildung

Neben dem Pseudomyzel kann von einigen Hefearten auch echtes Myzel mit senkrecht zur Hyphenwand angeordneten Zelltrennwänden gebildet werden, wie es aus Abbildung 14/15 ersichtlich ist. Teilweise sind die Hyphen besonders nährstoffreich und brechen leicht in derbwandige Einzelzellen auf. So entstehen die Arthrosporen, die bei den Schimmelpilzen weit verbreitet sind. Die Zahl der Hefeorganismen, die Arthrosporen bilden können, ist sehr begrenzt.

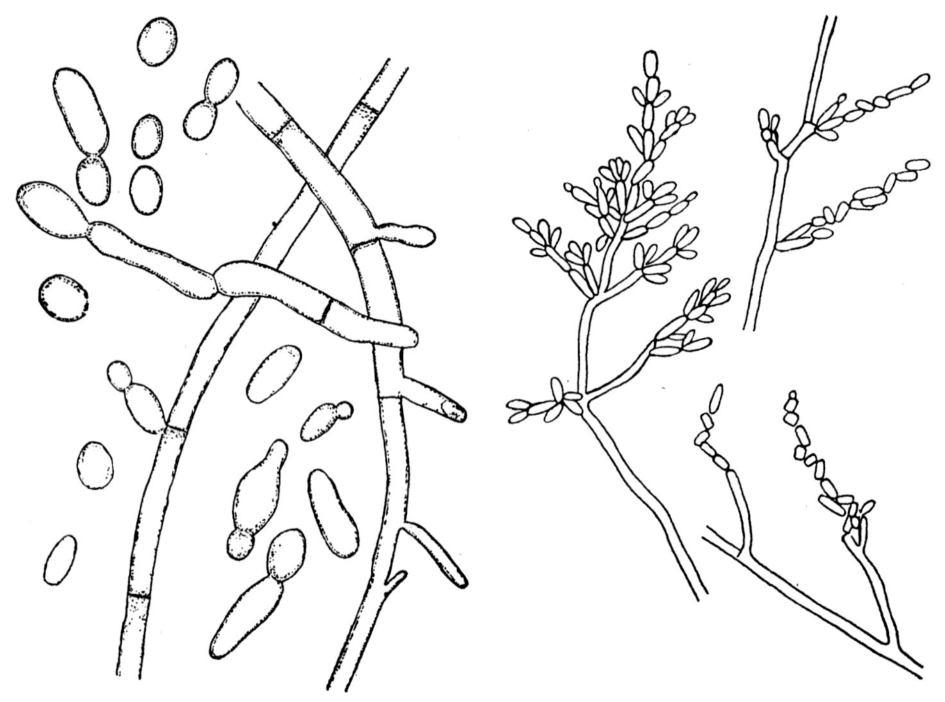

Abb. 14. *Endomycopsis fibuliger* (Lindner) Dekker. Wachstum nach 3 Tagen in Bierwürze. Neben Sproßzellen werden echte Hyphen mit senkrechten Querwänden gebildet.

Abb. 15. *Trichosporon fermentans* Diddens et Lodder. In Arthrosporen aufbrechende Hyphen.

Spalthefen

Hier muß noch eine Gruppe von Hefen erwähnt werden, die sich nicht durch Sprossung vermehrt, das sind die Spalthefen (Gattung *Schizosaccharomyces*). Sie vermehren sich ebenso wie die Bakterien durch Querteilung der Zellen, werden aber auf Grund ihrer Größe und sonstigen Eigenschaften zu den Hefen gerechnet. Spalthefen kommen vor allem in wärmeren Ländern vor. Sie spielen z. B. bei der Hirsebierbereitung in Afrika eine Rolle.

Ascosporenbildung

Die bisher beschriebenen Formen der Vermehrung von Hefen werden vegetative oder ungeschlechtliche Vermehrung genannt. Wie bei den höheren Pflanzen, so gibt es darüber hinaus auch bei den

Hefen eine geschlechtliche Form der Vermehrung und Fortpflanzung. Sie erfolgt durch Ascosporen. Diese entstehen im Innern einer Hefezelle, dem sogenannten Sporenschlauch oder Ascus. Normalerweise werden in einem Sporenschlauch 4 Ascosporen gebildet. Bei einer Spalthefeart, *Schizosaccharomyces octosporus,* kommen jedoch gewöhnlich 8 vor, während andere Arten weniger haben. Bei einer großen Zahl von Hefearten wurden bisher Ascosporen überhaupt noch nicht gefunden. Andere bilden diese nur unter besonderen Bedingungen. So entwickeln nur sehr gut ernährte Zellen Sporen, denen außerdem reichlich Luftsauerstoff zur Verfügung stehen muß. Emil Christian Hansen, ein dänischer Forscher, der gegen Ende des vorigen Jahrhunderts zum ersten Mal systematisch die Ascosporenbildung bei Hefen untersuchte, benutzte dazu kleine Gipsblöcke. Er züchtete die zu untersuchenden Hefearten in Bierwürze, die alle notwendigen Nährstoffe enthielt. Von dem Hefesatz gab er wenige Tropfen auf einen Gipsblock und stellte diesen in eine Schale mit Wasser. Nach einigen Tagen konnte er mit dem Mikroskop zahlreiche Ascosporen feststellen. Diese Methode wird auch heute noch in den Laboratorien angewandt. Daneben wurden Spezialnährböden gefunden, auf denen besonders starke Sporenbildung eintritt. Die Untersuchung der Fähigkeit zur Sporenbildung ist für die systematische Eingliederung unbekannter Hefearten besonders wichtig.

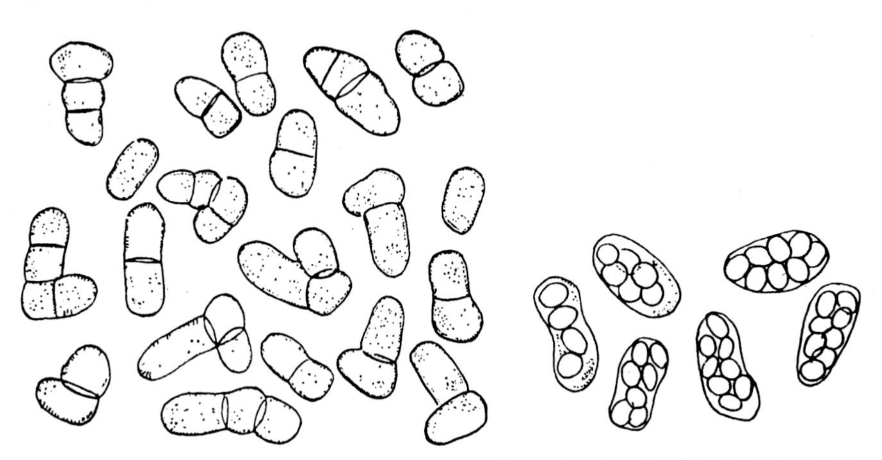

Abb. 16: *Schizosaccharomyces octosporus* Beijerinck, eine Spalthefe. Rechts die Sporenschläuche mit gewöhnlich 8 Sporen.

Abb. 17. Sporenschläuche der Gattung *Saccharomyces*. Sie enthalten im allgemeinen 4 runde oder ovale Sporen.

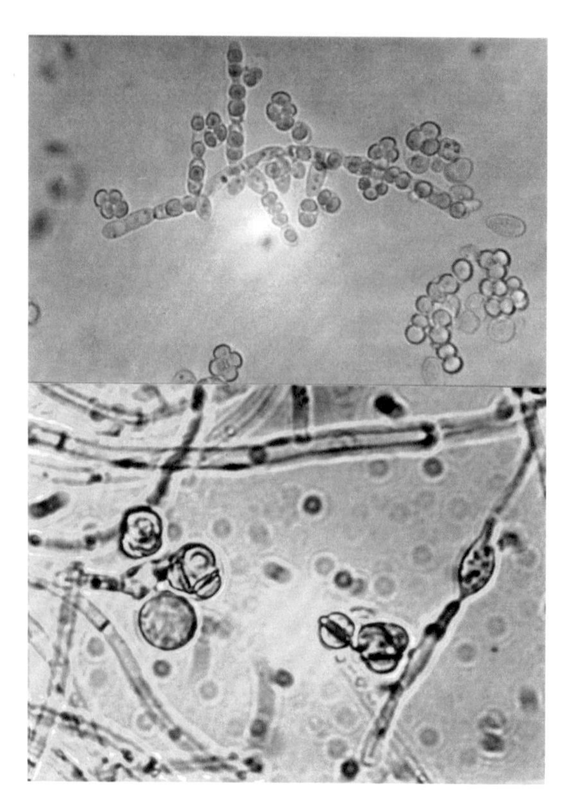

Abb. 18. *Endomycopsis fibuliger* (Lindner) Dekker. Hutförmige Sporen. Sie werden in runden Sporenschläuchen gebildet. Links unten ist ein junger Sporenschlauch zu sehen, der noch keine Sporen gebildet hat.

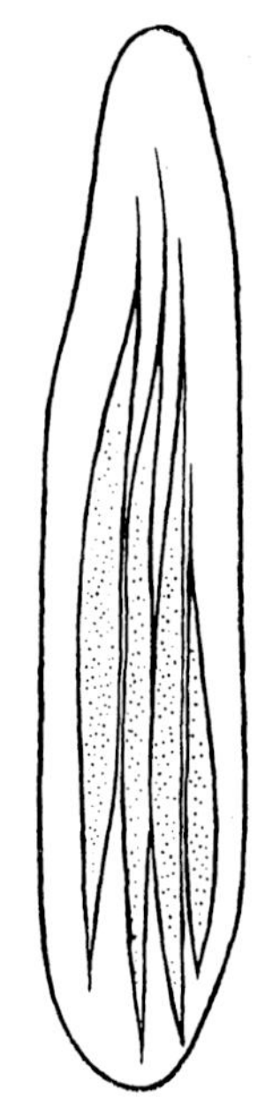

Abb. 19. *Nematospora coryli* Peglion. Sporenschlauch mit 4 nadelförmigen Sporen. Sie tragen ein fadenartiges Anhängsel.

Die Gestalt der Ascosporen ist bei den verschiedenen Hefearten unterschiedlich. Es gibt kugelförmige und auch eiförmige Sporen. Teilweise sind sie von einer ringförmigen Manschette umgeben und sehen wie ein Hut aus oder haben gewisse Ähnlichkeit mit dem Planeten Saturn. Besonders eigenartig geformt sind die Sporen einer pflanzenpathogenen Hefe *(Nematospora coryli)*, die in Haselnüssen und in Tomaten gefunden wird. Sie haben nadelförmige Gestalt und tragen an einem Ende ein unbewegliches, fadenähnliches Anhängsel, das wie eine Bakteriengeißel aussieht. Teilweise, wie z. B. bei *Endomy-*

copsis capsularis, ist das Zytoplasma der Ascosporen von 2 Membranen umgeben. Die äußere Membran wird Endosporium und die innere Exosporium genannt. Die Ascosporen der meisten Hefen sind jedoch nur von einer Sporenmembran umgeben. Die Größe der Ascosporen schwankt zwischen 2 und 6 μ. Chemisch enthalten sie im Zellplasma in starkem Maße Glykogen, Volutin und auch Fett eingelagert.

Reißt der Sporenschlauch auf, so treten die Sporen heraus. Finden sie günstige Lebensbedingungen, dann keimen sie durch Sprossung aus und können neue Kolonien bilden.

Vorkommen und Verbreitung der Hefen

Hefen sind in der Natur weit verbreitet. Sie kommen vor allem dort vor, wo sie ausreichende Lebensbedingungen finden.

Was brauchen Hefen zum Leben? Wie jedes Lebewesen benötigen sie ausreichende Nahrung. Das Hauptnahrungsmittel der Hefen ist der Zucker. Ihre Verbreitung in der Natur ist deshalb eng mit dem Vorkommen von Zuckersäften gekoppelt. Wir finden sie auf fast allen süßen Früchten und in den daraus hergestellten Mosten. So beginnt der aus Weintrauben oder anderen Früchten bereitete Saft schon nach kurzer Zeit lebhaft zu gären und zeigt die Tätigkeit der Mikroorganismen an. Er bietet den Hefen, die von den Früchten in den Most gelangen, eine besonders gute Nährgrundlage, denn er enthält außer dem begehrten Zucker ein zweites unbedingt notwendiges Lebenselement: das Wasser. Es gibt zwar einige spezielle Hefearten, die in hochkonzentrierten Zuckermedien, wie Fruchtsirup oder Honig, leben können, ganz ohne Feuchtigkeit kommen aber auch die Hefen nicht aus.

Die in hochkonzentrierten Zuckerlösungen lebenden Hefearten werden osmophile Hefen genannt. Sie kommen auch auf getrockneten Früchten, wie Datteln, Feigen und Pflaumen vor. Da sie sich von dem Zucker der Früchte ernähren, müssen sie als Schädlinge angesehen werden. Besonders unangenehm können osmophile Hefen im Honig werden. Sie setzen den Honig in Gärung und verderben ihn.

In den Honig gelangen die Hefen wahrscheinlich bereits durch die Bienen, die bei der Verbreitung der Hefen eine große Rolle spielen. Untersuchungen haben ergeben, daß besonders in Blüten zahlreiche verschiedene Hefearten vorkommen. Das ist verständlich, da im Nektar Zucker enthalten ist. Saugt eine Biene den Nektar auf, so saugt sie auch Hefezellen mit, die sie dann auf andere Blüten überträgt. Aber nicht nur die Bienen wirken als Überträger. Hummeln, Wespen, Fliegen, Ameisen und viele andere Insekten, die gern Zuckersäfte naschen, dürften bei der Verbreitung der Hefen vor allem von Frucht zu Frucht gleichfalls große Bedeutung haben.

Neben zuckerhaltigen Früchten können fast alle Lebensmittel von Hefen befallen werden. Selbst künstlich konservierte Nahrungsmittel, wie saure Gurken, Essiggemüse und Pökelfleisch, bleiben nicht verschont. Auf Fleisch- und Wurstwaren kommen vorwiegend eiweißabbauende Hefearten vor. Fettspaltende Arten werden sowohl auf Fleisch als auch auf Mayonnaise und Milcherzeugnissen gefunden. Milch und Milcherzeugnisse bieten vielen Hefepilzen ein günstiges Nährmedium. Neben dem Milchzucker ist es das Milchfett und das Eiweiß, das von ihnen als Nährstoffquelle genutzt werden kann.

Wir haben bereits zwei wichtige Faktoren kennengelernt, die für die Entwicklung und das Wachstum der Hefen unbedingt notwendig sind, nämlich ausreichende Versorgung mit Nährstoffen und Feuchtigkeit. Dazu kommt ein weiterer Faktor, der bei der Verbreitung der Hefeorganismen in der Natur von wesentlichem Einfluß ist: die Temperatur.

Ganz allgemein können sich Hefen nur im Temperaturbereich zwischen 0 und 45° C entwickeln. Das Optimum der Vermehrung liegt etwa bei 25 bis 30° C. Bei höheren Temperaturen, etwa zwischen 55 und 60° C, sterben die Hefezellen ab. Lediglich die Ascosporen können noch Temperaturen in diesem Bereich ertragen. Sie sind etwas widerstandsfähiger als die vegetativen Zellen. Bei Temperaturen über 60° C sterben aber auch die Ascosporen sehr schnell ab. Sie sind somit nicht so widerstandsfähig wie etwa die Sporen der Bazillen und dürfen keinesfalls mit diesen verwechselt werden.

Einige Hefeorganismen bevorzugen kalte Temperaturen. So können die sogenannten Kaltgärhefen noch bei Temperaturen in der Nähe des Gefrierpunktes gären. Bei Temperaturen, die unterhalb des Gefrierpunktes liegen, stellen die Hefen ihre Lebenstätigkeit ein, das heißt jedoch nicht, daß sie unbedingt absterben müssen. Vielmehr gelangen im Herbst mit den abfallenden Früchten sowohl Ascosporen als auch vegetative Hefezellen in den Erdboden und überwintern dort. So ist es verständlich, daß auch im Boden zahlreiche Hefearten gefunden werden. Eine Bedeutung für die im Boden ablaufenden mikrobiologischen Abbauvorgänge kommt den Hefen in dem Maße wie den Bakterien und Schimmelpilzen jedoch nicht zu. Im Frühjahr werden die im Boden überwinterten Hefezellen und Ascosporen wieder von Insekten und als Staubbestandteile durch den Wind übertragen. Gelangen sie auf günstige Nährsubstrate, so können sie erneut ihre Lebenstätigkeit entfalten.

Außer in der freien Natur können Hefen auch auf der Körperoberfläche oder in einigen Organen von Lebewesen vorkommen. So wurden bei verschiedenen Käfern in besonderen Anhangsorganen des Darmes stets Sproßpilze gefunden. Wahrscheinlich leben diese besonders angepaßten Hefearten mit den Käfern in Symbiose zusammen; denn es gibt Käferlarven, die ohne die Symbionten nicht leben können. Legen die Käfer Eier, so werden die Hefen mitunter

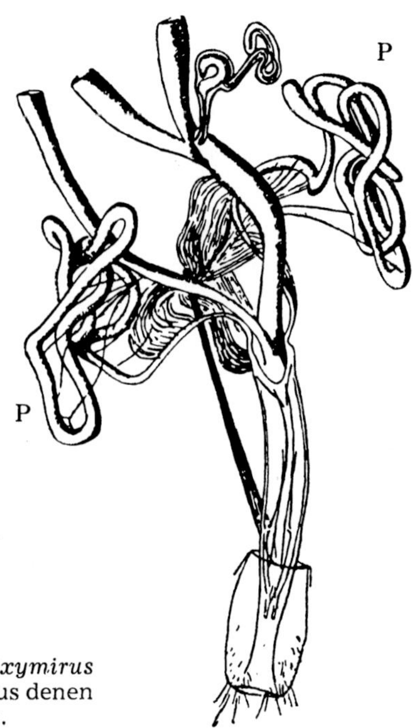

Abb. 20. Legeapparat eines Bockkäfers (*Oxymirus cursor* L.) mit seitlichen Pilzspritzen (P), aus denen die Hefen auf die Eier übertragen werden.

bereits auf diese übertragen. Das geschieht durch äußerst sinnvolle Übertragungseinrichtungen, wie z. B. die sogenannten „Pilzspritzen". Diese Organe, die am Hinterende einiger Insektenarten entwickelt sind, bespritzen jedes abgelegte Ei mit dem Pilzsymbionten, so daß die ständige Übertragung auf die Nachkommen gesichert ist.

Ob die im Insektendarm vorkommenden Hefearten mit bereits bekannten Arten identisch sind, kann man noch nicht sagen. Es ist sehr schwer, diese stark an das Leben im Darm angepaßten Mikroorganismen auf künstlichen Nährböden zu züchten.

Außer in Insekten leben bestimmte Hefearten auch in den Körperhöhlen und auf der Haut von Tieren und Menschen. Nicht immer wirkt sich diese Lebensgemeinschaft zum Nutzen des Wirtes aus, sondern es gibt Hefearten, die als Krankheitserreger gefürchtet sind. Darüber wird im folgenden Abschnitt berichtet.

Hefen als Krankheitserreger

Die meisten Infektionskrankheiten werden von Bakterien[1]) und Viren[2]) hervorgerufen. Jedoch gibt es auch unter den Hefen einige Arten, die als Krankheitserreger bei Menschen und Tieren vorkommen können. In der Hauptsache befallen sie die Haut und die Atmungsorgane, während sie in tiefere Teile des Körpers nur selten eindringen. Da die Hefen keine toxischen Stoffe bilden, sind sie als Krankheitserreger im allgemeinen weniger gefürchtet als Bakterien.

Fast alle Vertreter der zahlreichen Hefearten wurden schon auf der Haut, im Mund oder im Darminhalt des Menschen gefunden, jedoch hat als Krankheitserreger nur eine Hefeart größere Bedeutung erlangt: Das ist der Soorpilz, mit der wissenschaftlichen Bezeichnung *Candida albicans*.

Der Soorpilz kann sich auf der Haut und im Munde geschwächter Menschen sowie besonders in den Atmungsorganen von Säuglingen unter Umständen so stark entwickeln, daß es zu einer ernsthaften

[1]) vgl. Taubeneck, U. (1954): Die Bakterien. — Die Neue Brehm-Bücherei: 66.

[2]) vgl. Schuster, G. (1958): Virus und Viruskrankheiten. — Die Neue Brehm-Bücherei: 198.

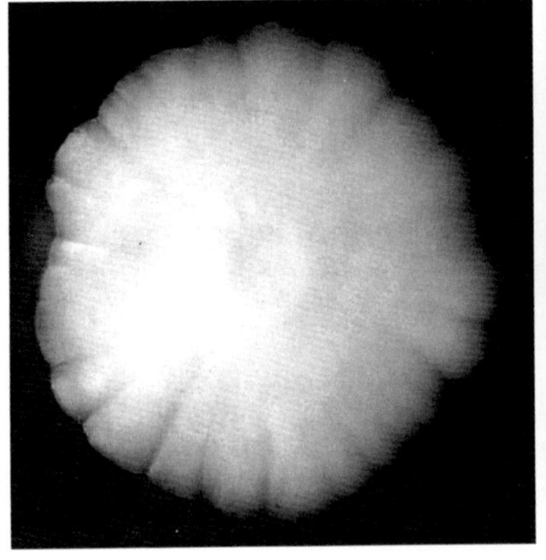

Abb. 21. 4 Wochen alte Riesenkolonie des Soorerregers auf Agarnährboden.

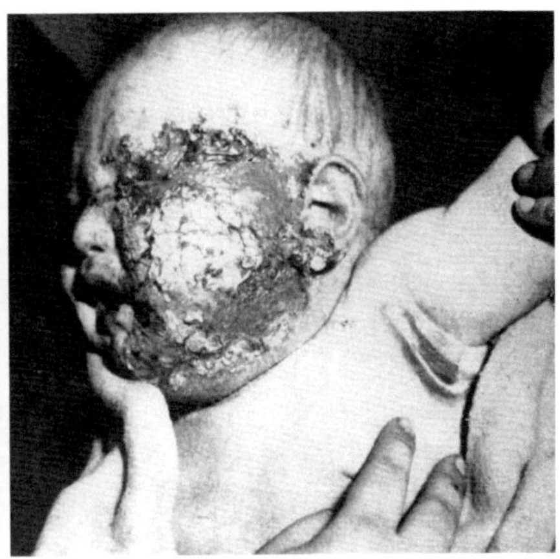

Abb. 22. Ein vom Soorpilz befallener Säugling.

Erkrankung kommt. Wenn auch die Zahl der Todesfälle durch Soor mit den modernen Heilmitteln der Medizin verringert wurde, so hat doch die Zahl der Erkrankten in den letzten Jahren sehr stark zugenommen. Das hängt mit der Einführung der Antibiotika und Sulfonamide in die Medizin zusammen. Diese Medikamente vernichten nicht nur die pathogenen Mikroorganismen im Körper, sondern zerstören darüber hinaus auch einen Teil der im Mund und Darm vorhandenen nützlichen Bakterienflora. Wird die nützliche Bakterienflora des Körpers, die das Aufkommen von pathogenen Mikroorganismen unterdrückt, vernichtet, so kann es zu einer ungehemmten Entwicklung des Soorpilzes und damit zur Erkrankung kommen.

Durch eine Störung der Entwicklung der normalen Mikroflora im Körper können auch sonst völlig harmlose Hefearten, die stets im Mund und auch im Darm vorhanden sind, durch eine Massenentwicklung für den Menschen gefährlich werden. Die Anwendung von Sulfonamiden und Antibiotika als Heilmittel darf deshalb nur unter ärztlicher Aufsicht erfolgen. Jeder nicht unbedingt notwendige Einsatz dieser Medikamente muß unterbleiben.

Die Nährstoffe der Hefen

Hefen werden allgemein zu den pflanzlichen Organismen gerechnet. Sie stellen jedoch ganz bestimmte Nährstoffansprüche. Während die grünen Pflanzen mit Hilfe des Chlorophylls und des Sonnenlichtes das Kohlendioxyd der Luft assimilieren können, sind Hefen dazu nicht in der Lage. Sie besitzen kein Chlorophyll und können das als Energie- und Baustoffquelle notwendige Kohlehydrat nicht selbst aufbauen. Sie sind deshalb wie die nichtgrünen Pflanzen und die tierischen Lebewesen auf die Zufuhr von Kohlehydraten oder anderen organischen kohlenstoffhaltigen Energie- und Nährstoffen angewiesen.

Kohlehydrat

Das in der Natur am weitesten verbreitete Kohlehydrat ist der Traubenzucker und die daraus aufgebaute Stärke[1]). Die großen Stärkemoleküle können jedoch von nur sehr wenigen Hefearten aufgenommen werden. Den meisten Hefen fehlen die dafür notwendigen Enzyme, die die Stärkemoleküle in die kleineren Zuckermoleküle aufspalten. Der weitaus größte Teil der zahlreichen Hefearten ist somit direkt auf den Zucker als Nährstoffquelle angewiesen.

Neben dem Traubenzucker, der auch als Glukose bekannt ist, unterscheidet der Chemiker zahlreiche weitere Zuckerarten, wie Maltose (Malzzucker), Saccharose (Rohrzucker), Laktose (Milchzucker), Fruktose (Fruchtzucker) und viele andere. Zwischen den verschiedenen Hefen bestehen deutliche Unterschiede in der Aufnahme der verschiedenen Zuckerarten. Das ist für die systematische Einteilung der Hefen wichtig.

Außer einer organischen Substanz, aus der sie neben dem lebenswichtigen Element Kohlenstoff auch den notwendigen Wasserstoff und Sauerstoff aufnehmen können, benötigen die Hefen weitere chemische Substanzen, wie Verbindungen des Stickstoffs, Phosphors, Kaliums, Schwefels und Magnesiums, ohne die kein Lebewesen existieren kann. Bei der Aufnahme dieser Substanzen sind die Hefen wenig wählerisch.

[1]) vgl. Schwär, Chr. (1958): Stärke. – Die Neue Brehm-Bücherei: 224.

Stickstoff

Den als Eiweißbaustein unentbehrlichen Stickstoff können die Hefen ähnlich wie Pflanzen aus Mineralsalzen oder wie das Tier aus organischen Verbindungen aufnehmen. Dabei werden vor allem Ammoniumsalze, wie z. B. Ammoniumsulfat, bevorzugt. Nitrate können nur von wenigen Hefearten als Stickstoffquelle genutzt werden. In der Natur sind die Hefen vorwiegend auf organische Stickstoffverbindungen angewiesen. Sie können jedoch nur kleine, niedermolekulare Stickstoffverbindungen aufnehmen. Vorwiegend kommen Abbauprodukte von Eiweißen, wie Aminosäuren, in Betracht.

Von verschiedenen Autoren wurde einigen Hefearten die Fähigkeit der Bindung atmosphärischen Stickstoffs zugeschrieben. Diese Hefearten sollten gleichermaßen wie die im Boden vorkommenden luftstickstoffsammelnden Bakterien zur Bildung von Eiweiß unter Verwendung von Luftstickstoff fähig sein. Besondere Bedeutung sollten diese Hefearten für die Ernährung einiger Insekten haben. Man nahm an, daß bestimmte holzfressende Insekten, die nur sehr wenig Eiweiß mit der Nahrung aufnehmen, ihren Eiweißbedarf durch die in ihrem

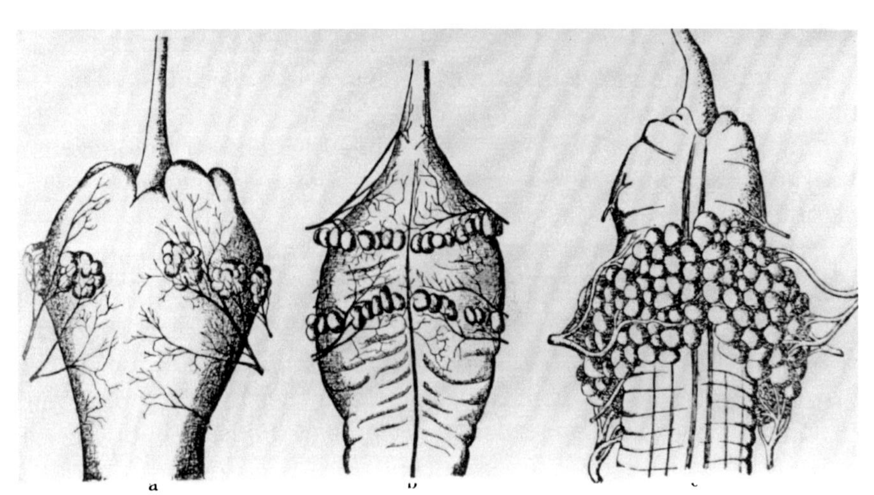

Abb. 23. Mitteldarmabschnitte von verschiedenen Käferlarven mit traubenförmigen Ausstülpungen, in denen die Hefesymbionten leben.
a) *Leptura rubra* L.
b) *Spondylis buprestoides* L.,
c) *Oxymirus cursor* L.

Darm lebenden Hefearten decken würden. Ähnlich wie die Knöllchenbakterien der Schmetterlingsblütengewächse sollten die Hefen durch ihre Lebenstätigkeit den Insekten den Stickstoff der Luft in einer nutzbaren Form zuführen. Neuere Untersuchungen haben diese Angaben jedoch nicht bestätigen können. Hefen sind nicht in der Lage, den in der Luft enthaltenen Stickstoff zur Bildung von Eiweiß zu nutzen. Die Bedeutung der im Darm bestimmter holzfressender Insekten stets vorhandenen Hefen liegt vielmehr darin, daß diese den Insekten wichtige Vitamine liefern. Außerdem wandeln sie unverdauliche stickstoffhaltige Verbindungen, wie Harnsäure und Harnstoff, durch ihre Stoffwechseltätigkeit in eine für die Insekten verwertbare Form um. Als Symbioten leisten sie auf diese Weise einen wichtigen Beitrag zur Ernährung einiger holzfressender Insekten.

Phosphor und Schwefel[1])

sind wichtige Bestandteile der Eiweiße. Der Phosphor spielt eine große Rolle bei der Zuckervergärung. Die Hefezellen können den notwendigen Phosphor gut aus Phosphaten, den Schwefel aus Sulfaten aufnehmen.

Kalium, Magnesium und Kalzium[1])

Kalium und Magnesium werden nur in sehr geringen Mengen benötigt. Sie sind für das Wachstum und die Gärungsvorgänge unentbehrlich. Dagegen ist bis jetzt noch nicht eindeutig geklärt, ob die Hefen Kalzium unbedingt benötigen. In der Hefeasche wird es stets gefunden.

Spurenelemente[1]) und Vitamine[2])

Eisen, Kupfer, Zink, Mangan und einige andere Metalle werden von der Hefezelle in sehr geringen Mengen (Spuren) benötigt. Vitamine benötigen nicht alle Hefearten. Sie können teilweise selbst produziert werden. Obwohl die Spurenelemente und Vitamine nur in äußerst geringen Mengen benötigt werden, so sind sie doch für den Ablauf der Stoffwechselprozesse unentbehrlich.

[1]) vgl. auch Zahn, G. (1961): Spurenelemente — ihre Bedeutung für Tier und Pflanze. — Die Neue Brehm-Bücherei: 272.

[2]) vgl. Wolburg, J. (1960): Vitamine, 2. Aufl. — Die Neue Brehm-Bücherei: 178.

Wasser

Das lebenswichtige Wasser haben wir bereits mehrfach erwähnt. Auf seine große Bedeutung braucht wohl nicht näher eingegangen zu werden.

Sauerstoff

als Bauelement der Hefezelle wird vorwiegend aus den Kohlehydraten gewonnen, während zur Atmung der Luftsauerstoff unentbehrlich ist.

Die Kulturhefen und ihre wirtschaftliche Bedeutung

Die Geschichte der Kulturhefen

Von den in der freien Natur lebenden „wilden Hefen" werden die „Kulturhefen" unterschieden. Dazu rechnet man alle Hefearten und Heferassen, die vom Menschen auf Grund nützlicher Eigenschaften, ähnlich wie die Kulturpflanzen, besonders gepflegt und gezüchtet werden. Die wichtigsten Kulturhefen sind die Wein- und Bierhefen sowie die Back- und Futterhefen.

Wann der Mensch anfing, Hefen für seine Zwecke auszunutzen und in Kultur zu nehmen, kann heute nicht mehr genau festgestellt werden. Wir wissen aber, daß die ersten primitiven Anfänge dazu vor Jahrtausenden gemacht wurden und die Hefen zu den ältesten Kulturpflanzen gerechnet werden müssen. Die Hefezellen selbst wurden erst durch die Erfindung des Mikroskopes sichtbar gemacht. Dagegen wußte man die nützlichen Eigenschaften der Hefen, wie z. B. das Gärvermögen, schon lange Zeit vorher zu schätzen. Bereits im Altertum waren bei fast allen Völkern vergorene Getränke verbreitet. Die Germanen tranken aus Kuhhörnern ihren Met, ein Produkt aus vergorenem Honig. Die alten Griechen und Römer wußten die berauschende Wirkung des Weines zu schätzen, während in Babylonien und Ägypten das Bier vorgezogen wurde. Bei den Babyloniern stand die Braukunst schon frühzeitig auf einer hohen Stufe. Sie sollen bereits zwischen etwa 20 verschiedenen Biersorten unterschieden haben.

Obwohl alkoholische Getränke seit Jahrtausenden bekannt sind, wurde das Wesen des Gärprozesses erst in jüngster Zeit erforscht

Abb. 24 Louis Pasteur (1822 bis 1895).

und aufgeklärt. Gegen Ende des 18. Jahrhunderts bewies der französische Chemiker Lavoisier, daß durch die Gärung Zucker quantitativ in Alkohol und Kohlendioxyd umgewandelt wird. 1837 zeigte Cagniard-Latour, daß die Weinhefe aus lebenden Organismen besteht, die sich vermehren können. Noch im gleichen Jahre bewies Schwann, der Wein- und Bierhefen untersuchte, daß an jeder alkoholischen Gärung Hefezellen beteiligt sind.

Gegen die Auffassung, daß die Gärung durch lebende Organismen bewirkt wird, wandten sich zur damaligen Zeit einige der berühmtesten Chemiker, vor allem Justus Liebig sowie Wöhler und Berzelius. Bekannt geworden ist der große Meinungsstreit zwischen Liebig und dem Franzosen Louis Pasteur.

Pasteur, der vor allem durch die Widerlegung der jahrhundertealten Irrlehre von der Urzeugung berühmt wurde, führte umfangreiche Untersuchungen über die Gärprozesse durch. Er stellte fest, daß in der Natur verschiedene Arten von Gärungen stattfinden und daß jede Gärung von einem bestimmten Mikroorganismus hervorgerufen wird. So wird z. B. die Milchsäuregärung von Milchsäurebakterien verursacht, während die Essigsäurebakterien die Essigsäuregärung bewirken.

Bei seinen Forschungen über die Buttersäuregärung entdeckte Pasteur, daß bestimmte Mikroorganismen unter Luftabschluß gedeihen, und unterschied bereits zwischen aerobem und anaerobem Leben. 1876 veröffentlichte er seine von Liebig bestrittene Gärungstheorie, die in ihren Grundlagen durch die Forschungsarbeiten vieler Wissenschaftler später bestätigt und weiter ausgebaut wurde.

Die alkoholische Gärung

Um das Wesen der alkoholischen Gärung besser zu verstehen, wollen wir uns zunächst kurz die verschiedenen Ernährungsformen der Organismen vergegenwärtigen. Der wesentliche Unterschied zwischen den höheren Pflanzen und den Mikroorganismen besteht in der Art der Kohlenstoffaufnahme. Während die autotrophen höheren Pflanzen mit Hilfe des Chlorophylls und des Sonnenlichtes das CO_2 der Luft assimilieren[1]) können, sind die Mikroorganismen dazu im allgemeinen nicht in der Lage. Wohl gibt es wenige Ausnahmen, die uns aber hier nicht interessieren. Hefen gehören sämtlich zu den heterotrophen Organismen, d. h. ihre Nahrung muß außer Wasser und den notwendigen Mineralsalzen stets aus einer organischen Kohlenstoffverbindung (z. B. Glukose) bestehen. Die heterotrophen Organismen können je nachdem, wie sie die zum Leben notwendige Energie aus dem Kohlenhydratabbau gewinnen, in zwei große Gruppen eingeteilt werden. Das sind einmal die Aerobier, die die Energie durch Atmung (Verbrennung), also mit Hilfe des Luftsauerstoffes ge-

[1]) vgl. auch Richter, K. H. (1958): Photosynthese grüner Pflanzen. – Die Neue Brehm-Bücherei: 206.

winnen, und zum anderen die Anaerobier, die zur Gärung fähig sind und den Luftsauerstoff nicht brauchen. Grundsätzlich bestehen zwischen Atmung und Gärung keine fundamentalen Unterschiede. Beides sind biochemische Abbauvorgänge zur Energiegewinnung.

Ob ein Mikroorganismus die Lebensenergie durch Atmung oder Gärung erwirbt, zeigt sich deutlich an den Endprodukten des Stoffwechsels. Bei der Atmung (Verbrennung) entstehen die vollständig oxydierten energiearmen Abbauprodukte Kohlendioxyd und Wasser. Bei der Gärung werden dagegen unvollständig abgebaute Zwischenprodukte, wie Alkohol und Milchsäure, gebildet. Es ist verständlich, daß die durch Atmung gewonnene Energiemenge bedeutend größer ist als die durch Gärung erzeugte.

Die engen Zusammenhänge zwischen Atmung (Verbrennung) und Gärung werden besonders an den zur Gärung fähigen Hefen deutlich. Steht ihnen genügend Sauerstoff zur Verfügung, so decken sie ihren Energiebedarf durch Atmung. Wird die Sauerstoffzufuhr unterbunden, so stellen sie ihren Stoffwechsel um und gären. Bei der Produktion von Bäckerhefe, wo man große Mengen Hefezellen erzeugen will, wird deshalb stark gelüftet. Würde man nicht lüften, so entständen große Mengen Alkohol, und die Hefezellen würden sich kaum vermehren, da nur unzureichend Energie zur Verfügung stände. Bei der Vergärung von Most zu Wein, wobei man Wert auf den Alkohol und nicht auf die Zellmasse der Hefen legt, müssen die Gärbehälter entsprechend verschlossen werden, um den schädlichen Luftsauerstoff abzuhalten.

Da die zur Gärung fähigen Hefen sowohl mit als auch ohne den Sauerstoff der Luft leben können, bezeichnet man sie als fakultative Anaerobier.

Nachdem wir die energetischen Vorgänge der Gärung kennengelernt haben, wollen wir uns nun der chemischen Seite zuwenden. Bei der alkoholischen Gärung der Hefe wird Glukose in Äthylalkohol und Kohlendioxyd gespalten, nach der bekannten Formel von Gay-Lussac:

$$C_6H_{12}O_6 \longrightarrow 2\,CO_2 + 2\,C_2H_5OH.$$

So einfach wie dieser Vorgang in der chemischen Summenformel zusammengefaßt wird, geht er in der Natur nicht vor sich. In Wirklichkeit ist die alkoholische Gärung ein sehr komplizierter Stoffwechselprozeß, und es hat jahrzehntelanger Forschung bedurft, um ihn eingehend zu analysieren. Die Namen einiger berühmter Forscher, wie C. Neuberg, N. Young und O. Warburg sind mit diesem Werk untrennbar verknüpft. O. Meyerhof und P. Hill erhielten 1922 und H. von Euler und A. Harden 1928 in Würdigung ihrer Arbeiten über die Spaltung der Glukose durch Gärung bzw. über die daran beteiligten Enzyme den Nobelpreis. Für die Entdeckung der zellfreien Gärung war Eduard Buchner bereits im Jahre 1907 mit dem Nobelpreis ausgezeichnet worden. Heute ist die alkoholische Gärung der Hefen einer der am besten erforschten Stoffwechselvorgänge. Die dabei gewonnenen grundlegenden Erkenntnisse haben sich auf andere Gebiete der Biochemie fruchtbringend ausgewirkt. Auf Grund der großen Bedeutung wollen wir uns mit diesem Prozeß etwas eingehender befassen.

Bei der alkoholischen Gärung spielen — wie bei allen Stoffwechselvorgängen — die Fermente eine große Rolle. Fermente, sie werden auch Enzyme genannt, sind die Biokatalysatoren des Stoffwechsels. Sie lenken alle mit dem Leben unmittelbar verbundenen biochemischen Vorgänge und bestimmen ihre Geschwindigkeit. Den Beweis, daß die alkoholische Gärung von Fermenten bewirkt wird, erbrachte E. Buchner im Jahre 1896. Er beendete damit den alten Streit zwischen den Anhängern Liebigs, die die alkoholische Gärung als einen rein chemischen Prozeß betrachteten, und denen Pasteurs, die sie auf das Vorhandensein von Hefezellen zurückführten. Buchner zerrieb Hefezellen mit Quarzsand und stellte einen zellfreien Hefepreßsaft her. Zum großen Erstaunen war dieser zellfreie Preßsaft ebenfalls in der Lage, Zucker zu vergären.

Das in dem Hefepreßsaft enthaltene Gärungsenzym wurde ursprünglich Zymase genannt. Heute wissen wir, daß die Zymase einen Fermentkomplex darstellt, der mehr als 10 verschiedene Enzyme enthält. Wir werden im folgenden einige der wichtigsten Enzyme, die alle an der Endung -ase leicht zu erkennen sind, sowie die verschiedenen Zwischenstufen der alkoholischen Gärung kennenlernen. Der auf dem Gebiete der Chemie wenig geübte Leser wird es dabei nicht immer leicht haben. Deshalb sei noch einmal kurz vermerkt, daß der Buchstabe C ein Atom Kohlenstoff bedeutet,

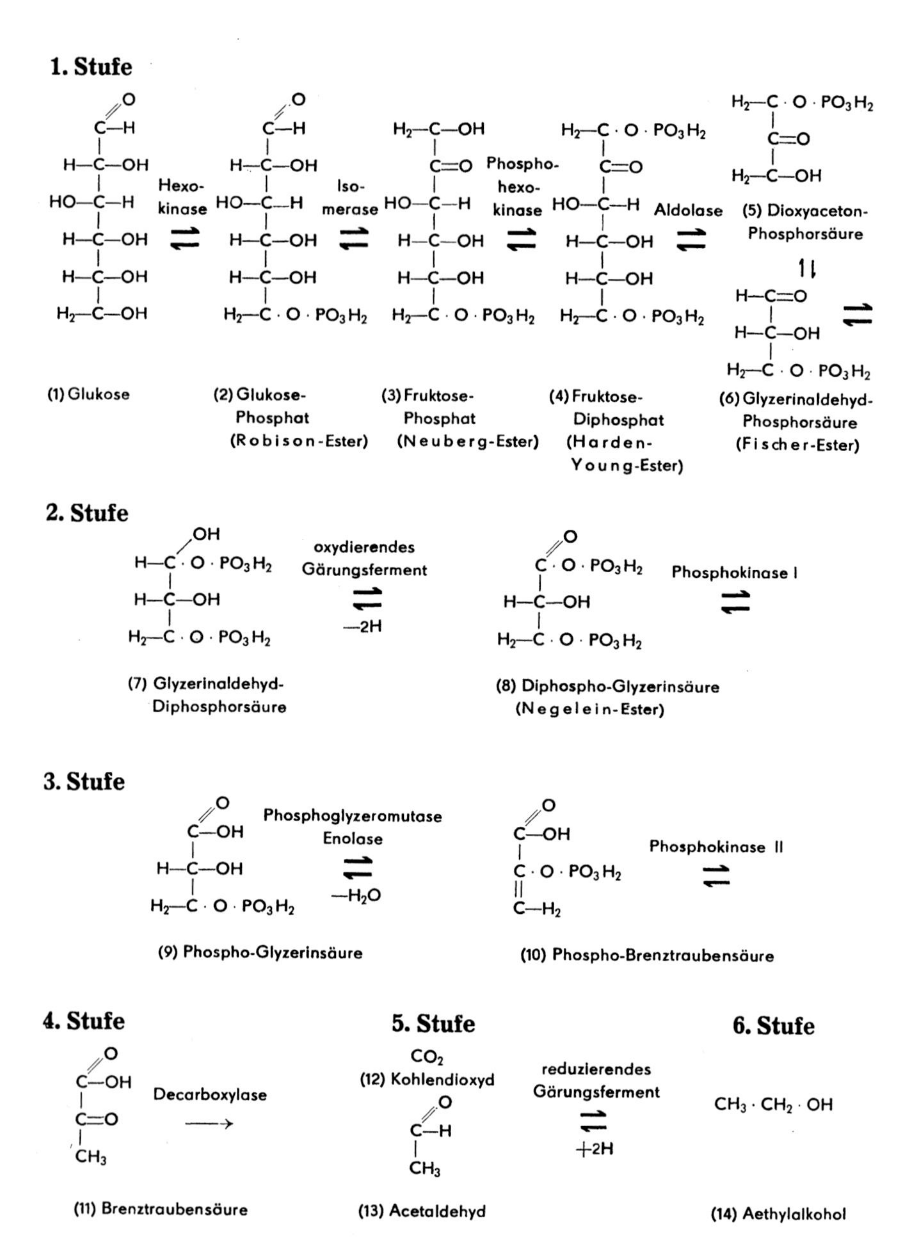

Abb. 25. Schema der alkoholischen Gärung.

H Wasserstoff, O Sauerstoff und P Phosphor. Aus diesen 4 chemischen Elementen sind die wesentlichen Produkte der alkoholischen Gärung aufgebaut. Die komplizierten Namen der einzelnen chemischen Verbindungen werden dem Kenner keine Schwierigkeiten bereiten. Der Ungeübte soll sich dadurch nicht erschrecken lassen. Vielleicht fällt es ihm leichter, den Verlauf der chemischen Vorgänge bei der alkoholischen Gärung anhand des Schemas auf Seite 34 zu verfolgen. Dort sind die chemischen Zwischenstufen zusätzlich nach dem jeweiligen Entdecker benannt. Für den völlig Unwissenden haben wir die Zwischenstufen im Text und im Schema mit Ziffern versehen. Er wird dann den ungefähren Ablauf der chemischen Vorgänge wenigstens ahnend verfolgen können.

Das hauptsächlichste Ausgangsprodukt der alkoholischen Gärung ist die Glukose (1). Sie wird in der ersten Stufe der Gärung durch Einwirkung des Fermentes Hexokinase mit einem Molekül Phosphorsäure verestert und dadurch zum Glukose-Phosphat (2). Dieses wird durch die Isomerase in Fruktose-Phosphat (3) umgewandelt. Schließlich entsteht daraus durch Einwirkung der Phosphohexokinase unter Anlagerung eines zweiten Phosphatmoleküls das Fruktose-Diphosphat (4).

Das mit 2 Molekülen Phosphorsäure beladene Zuckermolekül (4) ist reaktionsfreudiger als die einfache Glukose (1). Es zerfällt unter Einwirkung des Fermentes Aldolase in die beiden kleineren Bruchstücke Glyzerinaldehyd-Phosphorsäure (6) und Dioxyaceton-Phosphorsäure (5). Das Ferment Aldolase ist auch unter der Bezeichnung Zymohexase bekannt.

In der 2. Gärphase wird die Glyzerinaldehyd-Phosphorsäure (6) zur Glyzerinaldehyd-Diphosphorsäure (7) verestert und durch ein Wasserstoff abspaltendes Ferment zur Diphospho-Glyzerinsäure (8) oxydiert.

In der 3. Phase wird von der Diphospho-Glyzerinsäure (8) 1 Molekül Phosphorsäure durch die Phosphokinase I abgespalten, und es entsteht die Phospho-Glyzerinsäure (9), die sich unter Einwirkung der Fermente Enolase und Phosphoglyzeromutase in die Phospho-Brenztraubensäure (10) umlagert. Dabei wird 1 Molekül Wasser frei. Das in dieser Stufe freigewordene Phosphat wird durch ein besonderes Ferment auf das Adenosindiphosphat (ADP) übertragen, das dadurch in das Adenosintriphosphat (ATP) überführt wird. Man bezeichnet diesen Vorgang der Phosphatübertragung als Transphosphorylierung. Das in der 3. Stufe der alkoholischen Gärung gebildete Adenosintriphosphat steht wiederum zur Phosphorylierung der Glukose mit Hilfe des Fermentes Hexokinase in der ersten Gärphase zur Verfügung.

In der folgenden Stufe wird von der Phospho-Brenztraubensäure (10) durch die Phosphokinase II das Phosphatmolekül abgespalten, wobei wiederum ein Molekül Adenosindiphosphat (ADP) in Adenosintriphosphat (ATP) umgewandelt wird. Aus der freigewordenen Brenztraubensäure (11) wird durch die Decarboxylase Kohlendioxyd (12) abgespalten, und es entsteht Acetaldehyd (13). Das so entstandene Kohlendioxyd (11) ist ein bekanntes Endprodukt der alkoholischen Gärung. Dieser chemische Vorgang ist im Gegensatz zu allen vorhergehenden nicht umkehrbar. Er verläuft nur in einer Richtung.

In der letzten Stufe der alkoholischen Gärung wird der Acetaldehyd (13) zu Äthylalkohol (14) hydriert. Dabei findet der in der 2. Stufe abgespaltene Wasserstoff, der durch ein weiteres Fermentsystem übertragen wird, Verwendung.

Nach Ablauf dieser komplizierten Vorgänge, die in Wirklichkeit noch viel verwickelter sind, wäre nunmehr aus einem Glukosemolekül ein Molekül Alkohol entstanden. Wie die Gay-Lussac-Gleichung auf Seite 32 zeigt, entstehen jedoch aus einem Molekül Glukose 2 Moleküle Äthylalkohol. Wo kommt nun das zweite Molekül Äthylalkohol her? Es wird aus der Dioxyacetonphosphorsäure (5) gebildet, die in der 1. Stufe neben der Glyzerinaldehydphosphorsäure (6) entsteht. Dioxyacetonphosphorsäure (5) und Glyzerinaldehydphosphorsäure (6) stehen mengenmäßig in einem ganz bestimmten Gleichgewicht, das durch ein Ferment aufrecht erhalten wird. Wird dieses Gleichgewicht durch Entfernung eines Partners, z. B. der Glyzerinaldehydphosphorsäure (6) gestört, so wird dieser Partner sofort auf Kosten des anderen, also der Dioxyacetonphosphorsäure (5), in entsprechender Menge nachgebildet. Auf diese Weise wird schließlich auch die gesamte Dioxyacetonphosphorsäure in Äthylalkohol umgewandelt.

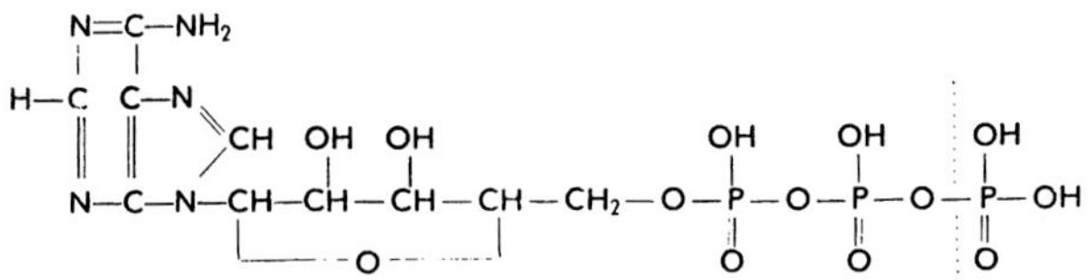

```
      N=C—NH2
      |  |
  H—C  C—N
      ‖  ‖    \CH  OH   OH                 OH      OH      OH
      ‖  ‖   /      |    |                  |       |       |
      N—C—N—CH—CH—CH—CH—CH2—O—P—O—P—O—P—OH
               |____O____|                  ‖       ‖       ‖
                                            O       O       O
```

Abb. 26. Adenosintriphosphat (ATP). Durch Abspaltung des letzten Phosphorsäuremoleküls (gestrichelte Linie) geht es in das Adenosindiphosphat (ADP) über.

Abschließend soll wegen der Wichtigkeit noch einmal kurz auf die organischen Phosphorsäureverbindungen ADP und ATP eingegangen werden. Diese Verbindungen haben für die Hefezellen große Bedeutung. Das Adenosintriphosphat ist eine energiereiche Verbindung, die bei Abspaltung eines Phosphorsäuremoleküls in das energieärmere ADP übergeht. Somit ist das ATP ein Energiespeicher der Hefezelle, der für den Ablauf der Lebensvorgänge eine wichtige Rolle spielt. Während des Gärungsvorganges wird in den Hefezellen anorganisches Phosphat in energiereiche organische Phosphatverbindungen überführt, die ihre Energie nach Bedarf stufenweise abgeben können.

Die von der Hefezelle durch Gärung aus Glukose gewonnene Energie ist gering. So wird bei diesem Prozeß nur etwa 1/30 der im Zucker gebundenen Energie frei. Die Hauptmenge bleibt im Alkohol gebunden.

Die für die Gärungsindustrie bedeutungsvollen Hefearten, die fast ausschließlich zur Gattung *Saccharomyces* gehören, können gewöhnlich nur „Einfachzucker" (Monosaccharide) mit 6 C-Atomen (Hexosen), wie Glukose, Fruktose und Mannose, vergären. Disaccharide, die aus zwei Zuckermolekülen mit je 6 C-Atomen zu einem „Zweifachzucker" zusammengesetzt sind, können sie nicht direkt vergären. So muß z. B. Saccharose (Rohrzucker) vorher durch das Ferment Saccharase in die beiden „Einfachzucker" (Monosaccharide) Glukose und Fruktose aufgespalten werden. Siehe dazu die Abbildung 27.

Hefen, die das Ferment Saccharase nicht besitzen, können dementsprechend den Zucker Saccharose nicht vergären. Das gleiche gilt entsprechend für die Vergärung von „Vielfachzuckern" (Polysacchariden), wie z. B. für das Dextrin und die wichtige Stärke, die aus

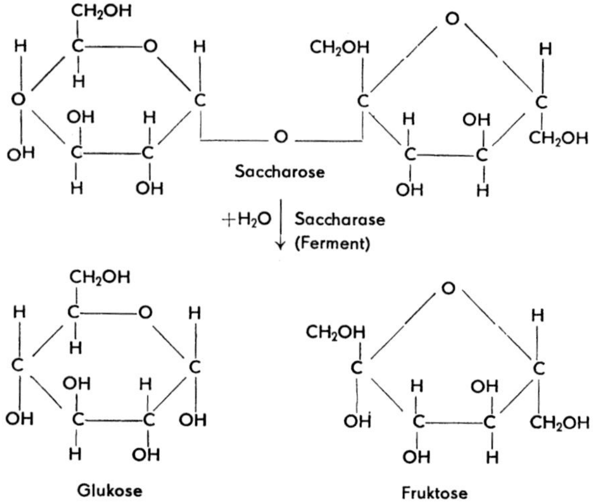

Saccharose

$+H_2O$ Saccharase (Ferment)

Glukose

Fruktose

Abb. 27. Aufspaltung des „Zweifachzuckers“ (Disaccharids) Saccharose in die beiden „Einfachzucker“ (Monosaccharide) Glukose und Fruktose durch das Ferment Saccharase. Die Zucker sind in der Ringform dargestellt.

zahlreichen „Einfachzuckern“ (Monosacchariden) zusammengesetzt sind.

Stärke kann nur von ganz wenigen Hefearten direkt vergoren werden, die jedoch praktisch keine Bedeutung haben. Bei der industriellen Vergärung von Stärkeprodukten muß die Stärke vor der eigentlichen Vergärung durch besondere enzymatische Prozesse in ihre kleineren Zuckerbausteine aufgespalten werden.

Wir haben bereits darauf hingewiesen, daß die alkoholische Gärung einer der am besten erforschten Stoffwechselvorgänge ist. Trotzdem müssen auch die letzten Geheimnisse dieses Prozesses erst noch dem tiefen Dunkel der Unwissenheit entrissen werden.

Die Gärungsprodukte der Hefen

Während wir im vorhergehenden Kapitel die mehr theoretische Seite der alkoholischen Gärung kennengelernt haben, wollen wir uns nun der praktischen Bedeutung zuwenden. Wein, Sekt, Bier und Spirituosen sind alles alkoholische Getränke, die ihre Entstehung — sei es direkt oder indirekt — den Hefen verdanken.

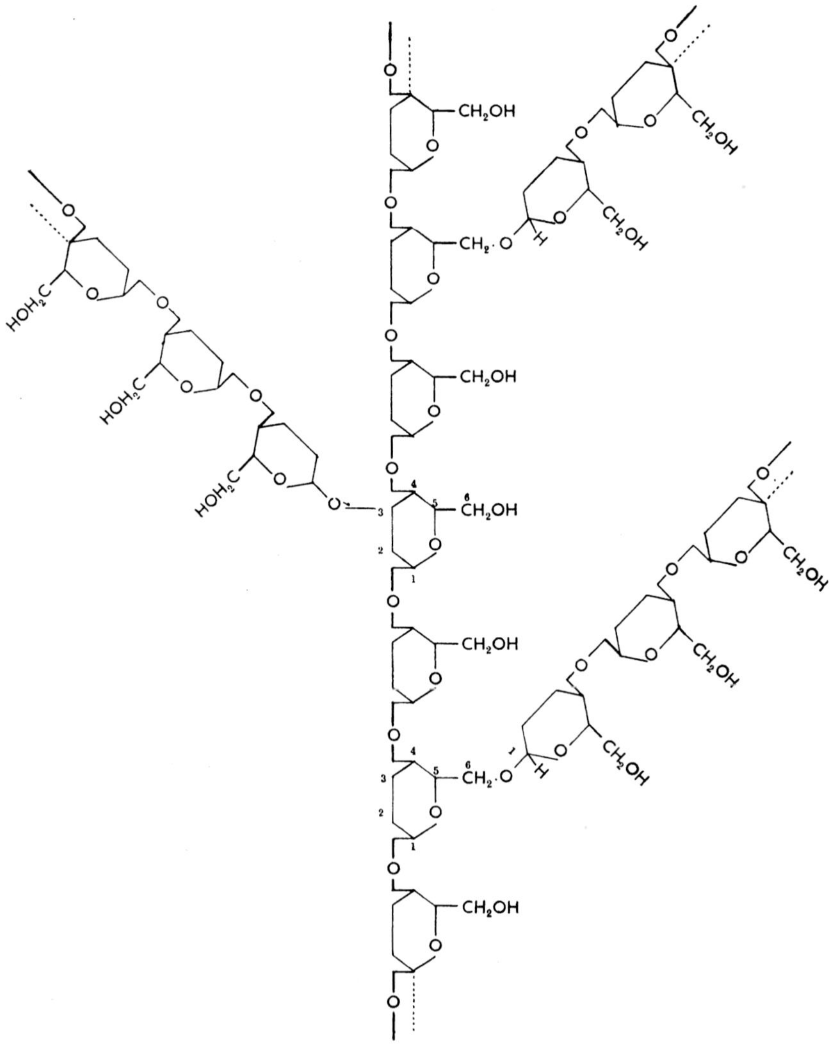

Abb. 28. Schematischer Ausschnitt des Amylopektins, eines Bestandteiles der Stärke. Jedes Sechseck verkörpert einen Glukosebaustein. Sie sind zu verzweigten Ketten zusammengesetzt. (Nach Staudinger und Husemann).

a) Wein

Wein wird vor allem aus dem süßen Saft von Trauben gewonnen, aber auch ein guter Fruchtwein aus Johannisbeeren oder Äpfeln ist nicht zu verachten. Weniger bekannt und nur in wärmeren Ländern verbreitet, ist die Bereitung von Wein aus Palmen- oder Agavensaft. Mögen die Ausgangsprodukte auch noch so verschieden sein, so haben sie doch alle eins gemeinsam: den zuckersüßen Saft. Der Küfer nennt ihn Most und gewinnt ihn durch das Zerquetschen oder Zermahlen der Trauben. Die auf den Traubenschalen stets vorhandenen Bakterien, Hefen und Schimmelpilze gelangen dabei mit in den Saft und finden hier eine geradezu ideale Nährlösung. Eine Hefeart kann sich im Traubenmost besonders gut entwickeln, das ist die Weinhefe, mit dem wissenschaftlichen Namen *Saccharomyces cerevisiae* var. *ellipsoideus* (Hansen) Dekker. Meist gelingt es ihr ohne Zutun des Menschen, die Oberhand über alle anderen im Most vorhandenen Mikroorganismen zu gewinnen. Das ist nicht immer der Fall. Manchmal wird der Most auch durch Bakterien oder andere Mikroorganismen verdorben. Heute überläßt man die Vergärung des Mostes in großen Keltereien deshalb nicht mehr dem Zufall, sondern lenkt sie durch Zugabe von künstlich vermehrter Weinhefe.

Die verschiedenen Weinhefen werden fast alle unter ein und demselben wissenschaftlichen Namen zusammengefaßt. Der Praktiker unterscheidet weiterhin verschiedene Weinheferassen, die für die Be-

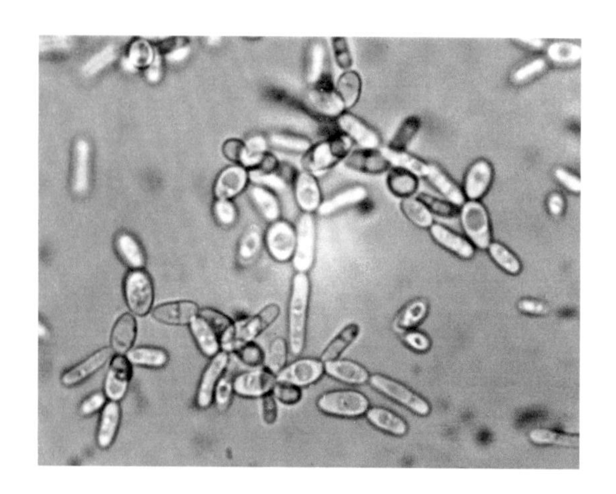

Abb. 29. *Saccharomyces cerevisiae* var. *ellipsoideus* (Hansen) Dekker Weinhefe. Die Zellen sind im Gegensatz zur eiförmigen Bierhefe *(Sacch. cerevisiae)* etwas langgestreckt.

reitung der zahlreichen verschiedenen Weinsorten große Bedeutung haben. So wird ein schwerer Burgunderwein mit einer anderen Heferasse als ein leichter Moselwein gewonnen, und bei der Entstehung eines Rieslings ist eine andere Heferasse als bei einem Muskateller beteiligt. Jede Weinheferasse zeichnet sich durch besondere Eigenschaften aus. So kann die Heferasse des Tokajer Weines hohe Alkoholkonzentrationen vertragen und wird deshalb zur Herstellung hochprozentiger Weine sehr geschätzt. Im Tokajer sind bis zu 18 % Alkohol enthalten. Das Bukett, das einem Wein neben dem Alkohol-, Zucker- und Säuregehalt seine besondere Note verleiht, wird ebenfalls durch die verwendete Heferasse beeinflußt. Natürlich spielen für die Qualität und Weinsorte bereits die Trauben eine entscheidende Rolle, aber auch die verwendete Heferasse hat wesentlichen Einfluß. Hefen können neben Alkohol Ester bilden, die als Aromastoffe bekannt sind und neben anderen Stoffen das Bukett eines Weines bestimmen.

Die wertvollen Weinheferassen werden in besonderen Reinzuchtanstalten gewonnen und vermehrt. Dazu isoliert man nach speziellen mikrobiologischen Methoden aus Mosten, die erfahrungsgemäß gute Weine ergeben, die wertvollen Heferassen und trennt sie von der unerwünschten, aber im Most stets vorhandenen natürlichen Mikroflora ab. Die so gewonnenen „Reinzuchten" vermehrt man in sterilisiertem Most. Sie sind ähnlich wie die Backhefe im Handel käuflich. Mit einer Weinhefe „Bordeaux" haben wir so die Möglichkeit, aus den Kirschen unseres Gartens einen „Bordeaux" zu erzeugen. Freilich, ein echter „Bordeaux" wird es nicht. Dazu fehlen doch die echten Trauben, und diese reifen nur auf den sonnigen Hügeln am Ufer der Garonne in Südfrankreich.

Außer einem guten Most und einem geeigneten Hefestamm gehören zur Bereitung eines guten Weines noch große Erfahrung und fundamentiertes Wissen. In Frankreich, wo die Kunst der Weinbereitung seit Jahrhunderten von Generation zu Generation vererbt wurde, standen im vorigen Jahrhundert viele Weinbauern vor dem Ruin. Aus ihrem Traubensaft wollte einfach kein Wein werden, sondern nur saurer Essig. Pasteur hat ihnen geholfen, indem er nicht nur die wesentlichen Grundlagen der Gärung, sondern auch die Erreger der Weinkrankheiten aufdeckte. Zu Essig wird der Most nur

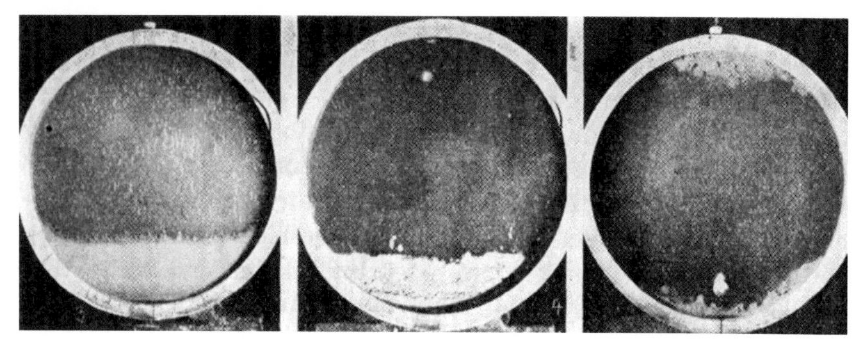

Abb. 30. Blick in ein Schaufaß mit gärendem Most.

dann, wenn der Sauerstoff der Luft zu starken Zutritt hat. Damit erhalten die stets vorhandenen aeroben Essigsäurebakterien günstige Lebensbedingungen. Sie verwandeln den von den Hefen gebildeten Alkohol in Essigsäure. Außer von Bakterien können Weinkrankheiten von bestimmten Hefearten hervorgerufen werden. So können sich neben der Weinhefe im Most unter Umständen unerwünschte Hefearten entwickeln, die keinen oder nur wenig Alkohol bilden und den Wein durch unangenehme Geschmacksstoffe schädigen. Durch Regelung der Luftzufuhr, durch chemische Zusätze, wie z. B. Sulfit, oder organische Säuren, durch Regelung der Temperatur und viele andere Maßnahmen kann die Hefegärung des Mostes gelenkt und beeinflußt werden, so daß ein Wein der gewünschten Qualität entsteht. So ist im Süßwein nicht der gesamte Zucker vergoren. Champagner macht eine zweite Gärung durch, wobei die Gärungskohlensäure in der Flasche erhalten bleibt. Es würde zu weit führen, wollten wir die unterschiedlichen Verfahren der Weinbereitung sämtlich aufführen.

b) Bier

Während als Ausgangsprodukt für die Weinbereitung meist Zuckersäfte von Früchten dienen, wird das Bier aus Stärkeprodukten gebraut. Hauptsächlich wird Gerste verwendet, daneben Weizen, Reis und Mais. Das Brauen kann in zwei Prozesse unterteilt werden: die Bereitung der Würze und die Vergärung. Wir wissen bereits, daß Hefen Stärke nicht direkt vergären können, sondern daß diese zunächst in Zucker umgewandelt werden muß. Dazu wird die Rohfrucht, also vorwiegend die Gerstenkörner, mit Wasser befeuchtet, so daß sie keimt. Die gekeimten Körner werden getrocknet, und das entstandene Malz wird geschrotet und mit heißem Wasser vermischt. So entsteht die Maische.

Im Malz sind zahlreiche Enzyme vorhanden, die die Stärke sowie die Eiweißprodukte abbauen. Wichtig sind vor allem die α- und die β-Amylase, durch die die Stärke zu Dextrinen und Maltose (Malzzucker) abgebaut wird. Die α-Amylase bildet aus der Stärke vorwiegend Dextrine. Das sind gummiartige, wasserlösliche Polysaccharide. Die β-Amylase greift die Stärkemoleküle von den Enden her an und spaltet schrittweise Maltose ab. Maltose ist ein Disaccharid. Es wird durch das Ferment Maltase in 2 Moleküle Glukose aufgespalten. Bierhefen können das Ferment Maltase selbst bilden.

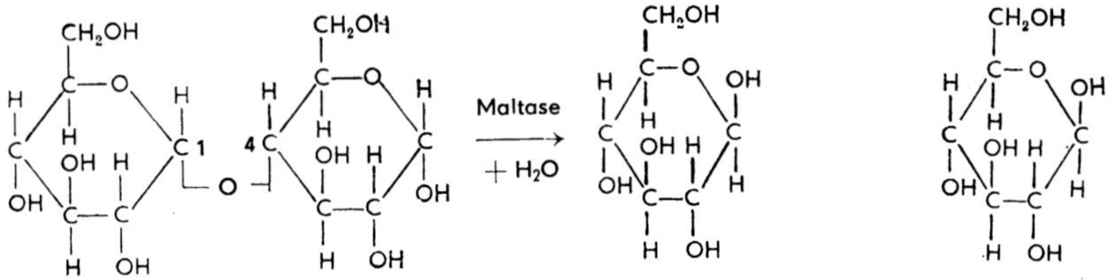

Maltase
$+ H_2O$

Abb. 31. Aufspaltung des „Zweifachzuckers" (Disaccharids) Maltose zu 2 Molekülen Glukose durch das Hefeferment Maltase. Die Zucker sind in der Ringform dargestellt.

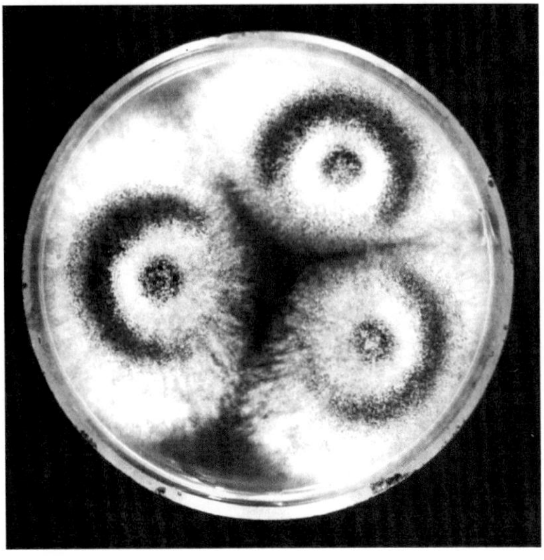

Abb.32. Drei Kolonien von *Aspergillus niger* Van Tieghem auf künstlichem Nährboden. Das watteartige weiße Myzel wird von den schwarzen Sporen bedeckt. Der Schimmelpilz bildet das Ferment Amylase und wird deshalb zur Aufspaltung der Stärke bei der Malzbereitung verwendet.

Neuerdings wird die Stärke in zunehmendem Maße durch Einwirken von Pilzfermenten aufgeschlossen. Neben dem Pilz *Aspergillus oryzae* hat dabei neuerdings auch *Aspergillus niger* Bedeutung erlangt, der durch seine schwarzen Sporen auffällt.

Die löslichen Produkte der Maische bilden mit dem Maischewasser die Würze. Diese wird unter Zusatz von Hopfen gekocht und danach gekühlt. Sie bildet das Ausgangsprodukt für den eigentlichen Gärprozeß.

Wichtige Hefearten für das Bierbrauen sind *Saccharomyces cerevisiae* Hansen und *Saccharomyces carlsbergensis* Hansen. Wie bei der Weinbereitung, so spielen auch bei dem Brauprozeß spezielle Kulturheferassen eine große Rolle, die sich durch besonders günstige Eigenschaften auszeichnen. So verlangt der Brauer von den verschiedenen Bierheferassen neben unterschiedlichem Alkoholbildungsvermögen gute Aromabildung, günstige Gärgeschwindigkeit und gutes Flockungsvermögen, um nur einige wichtige Eigenschaften zu nennen. Unter Flockungsvermögen versteht man die unterschiedliche Fähigkeit der Hefen, sich zusammenzuballen und am Boden des Gärbottichs abzusetzen. Während sich die Bruchhefen frühzeitig in einer festen Schicht am Boden niederschlagen, flocken die Staubhefen bedeutend schlechter und setzen sich nur schlecht ab.

Nach dem Grad der Vergärung unterscheidet der Brauer hochvergärende Kulturheferassen, die den Würzextrakt weiter vergären als die niedervergärenden Rassen. Der Charakter eines Bieres wird weitgehend durch die Merkmale der verwendeten Kulturheferassen geprägt. So enthält beispielsweise das mit einer niedervergärenden Heferasse erzeugte Bier weniger Alkohol, dafür aber mehr unvergorene Kohlehydrate.

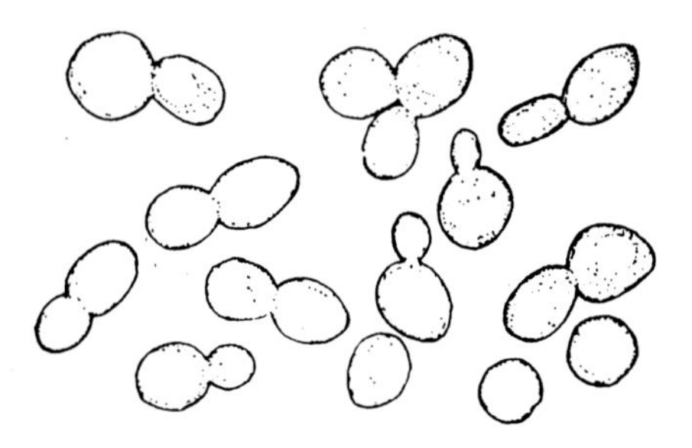

Abb. 33. *Saccharomyces carlsbergensis* Hansen. Diese untergärige Bierhefe wurde im Jahre 1883 von Emil Christian Hansen in der „Alten Carlsberg Brauerei“ in Dänemark als erste Reinzucht zum Bierbrauen verwendet.

Abb. 34. Hefe-Reinzuchtanlage. Hier werden in sterilisierter Würze die im mikrobiologischen Labor gewonnenen Reinzuchten der „Kulturhefe“ vermehrt. Die zugeführte Luft wird ebenfalls sterilisiert, so daß Infektionen von Bakterien oder „wilden Hefen“ ausgeschlossen sind. Die in der Reinzuchtanlage gewonnenen Hefen dienen als „Anstellhefe“ für die Gärbottiche.

Weiterhin unterscheidet der Brauer zwischen obergärigen und untergärigen Hefen. Die deutschen Biere werden vorwiegend mit untergärigen Bierhefen (Unterhefen) gewonnen. Untergärig heißen sie deshalb, weil sie sich am Ende der Gärung am Bottichboden absetzen.

Zur Gärung wird die Würze mit der Anstellhefe, das ist eine größere Menge einer bestimmten Heferasse, vermischt. Bei der lebhaften Hauptgärung wird ein großer Teil des in der Würze enthaltenen Zuckers in Alkohol und Kohlendioxyd umgewandelt. Sie dauert etwa 6 bis 8 Tage. Die folgende Nachgärung wird gewöhnlich bei tieferen Temperaturen in Lagerkellern vorgenommen. Dabei gewinnt das Bier langsam seinen endgültigen Charakter, es reift.

Beim Bierbrauen finden wie bei der Weinbereitung Hefereinzuchten Verwendung. Da im Gegensatz zur Weinbereitung die Würze vor dem Gärprozeß gekocht und damit sterilisiert wird, kommt in der angestellten Würze bei einwandfreiem Arbeiten nur die Kulturheferasse zur Entwicklung. Der Brauer hat somit den Gärverlauf besser

Abb. 35. Blick in den Gärkeller einer Großbrauerei. Die Gärbottiche werden im Stadium der Hauptgärung von dicken Schaumdecken (Kräusen) bedeckt. In den etwa 2 m tiefen Gärbottichen sind Kühlrohrschlangen angebracht, durch die die Gärtemperatur geregelt werden kann. Bei der Herstellung untergäriger Biere bevorzugt man Temperaturen zwischen 5 und 9° C. Obergärige Biere gären bei höherer Temperatur, dafür aber in kürzerer Zeit.

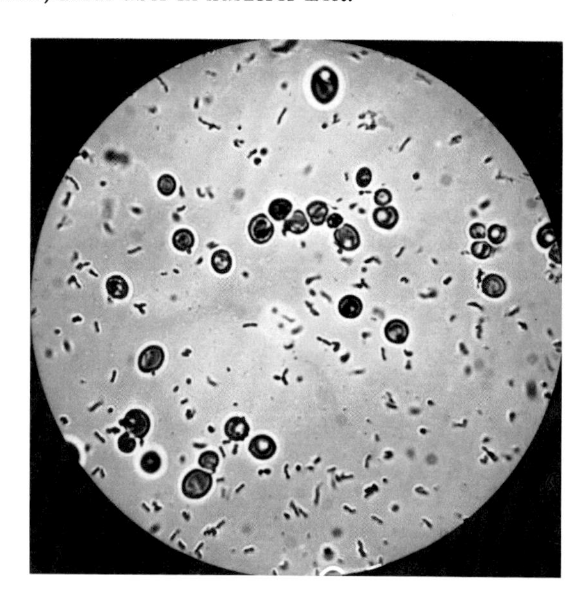

Abb. 36. Berliner Weißbierhefe mit Milchsäurebakterien. Die Milchsäurebakterien sind bedeutend kleiner als die Hefezellen.

in der Hand als der Küfer, da er alle wilden Hefen und andere Mikroorganismen vorher abtötet. Früher, als man das Arbeiten mit Reinzuchten von Kulturheferassen noch nicht kannte, hatte das Bier eine viel schlechtere Qualität und war manchmal völlig verdorben. Auch heute kann es in den offenen Gärbottichen noch zu Infektionen mit wilden Hefen oder Bakterien kommen, die die Qualität des Bieres mindern und die sogenannten Bierkrankheiten hervorrufen.

Bei der Herstellung von Weißbier, wie z. B. dem Berliner Weißbier oder der Leipziger Gose, ist neben Kulturheferassen die Beteiligung von bestimmten Milchsäurebakterien unbedingt erforderlich. Auf der von ihnen gebildeten Milchsäure sowie auf der im Bier erhaltenen Gärungskohlensäure der Hefen beruht die erfrischende und durststillende Wirkung des Weißbieres. Weißbier enthält nur 2 bis 3% Alkohol. Im Porter, das den höchsten Alkoholgehalt aller Biersorten hat, sind etwa 4 bis 5% enthalten.

c) Spirituosen

Hefen können selbst in konzentrierten Zuckersäften, in denen genügend Nahrung vorhanden ist, Alkohol nur bis zu einer bestimmten Konzentration bilden. Ist diese Konzentration erreicht, so können sie sich nicht weiter entwickeln und sterben meist ab. Trotzdem stammt der Alkohol in hochprozentigen Genußmitteln, wie z. B. Likör, Weinbrand und Wodka, ebenfalls aus der Lebenstätigkeit von Hefen. So ist Weinbrand ein durch die Destillation von Wein gewonnenes Produkt, und der zur Herstellung der zahlreichen Trinkbranntweine und Liköre verwendete Alkohol wird ebenfalls durch Destillation verschiedener Hefegärprodukte erhalten. Der hochprozentige Sliwowitz wird aus vergorenen Pflaumen destilliert, Arrak ist ein Reisbranntwein. In Deutschland wird der zu Trinkzwecken gewonnene Alkohol vorwiegend durch die Vergärung von Melasse, Kartoffeln oder aus Getreide gewonnen. Dazu werden die Brennereihefen verwendet, die kräftige Alkoholbildner sind. Meist handelt es sich um besonders geeignete Stämme von *Saccharomyces cerevisiae.*

Der synthetische Alkohol, der vom Chemiker ohne Mitwirken von Hefen hergestellt wird, darf zu Trinkzwecken nicht verwendet werden. Trotzdem sollte man beim Genuß hochprozentiger Genußmittel vorsichtig sein, auch wenn der Alkohol von Hefen erzeugt wurde und damit ein natürliches Produkt ist. Wie die Hefen in dem von ihnen selbst gebildeten Alkohol bei höheren Konzentrationen absterben, so ist hochprozentiger Alkohol auch für den Menschen schädlich, besonders wenn er in größeren Mengen genossen wird. Damit soll die anregende Wirkung des Alkohols keinesfalls mißachtet oder gar abgestritten werden. Im Wein, Bier oder leichten Likör bekommt er uns bedeutend besser, aber auch hier gilt der Spruch: Wenn es am schönsten ist, so soll man aufhören.

d) Andere alkoholische Getränke

Neben Bier, Wein und Spirituosen gibt es zahlreiche weitere alkoholische Getränke, die ebenfalls mit Hilfe von Hefen bereitet werden. So ist Kwass ein in der Sowjetunion verbreitetes Getränk, das aus Gerstenmalz, Roggenmalz und Roggenmehl gewonnen wird.

Pulque wird in Mexiko aus Agavensaft hergestellt. An dem Gärprozeß sind neben Hefen Bakterien beteiligt. Pulque schmeckt etwa wie saure Milch.

Sake, der Reiswein, ist das Nationalgetränk der Japaner. Zu seiner Herstellung wird gedämpfter Reis mit dem Schimmelpilz *Aspergillus oryzae* beimpft, der die Reisstärke enzymatisch in Zucker aufspaltet. An der Gärung selbst sind verschiedene Heferassen beteiligt. Reiswein enthält 14 bis 24 % Alkohol.

Pombe, das Hirsebier der Afrikaner, wird aus Hirsesamen bereitet. An dem spontanen Gärprozeß ist eine Spalthefe, *Schizosaccharomyces pombe* Lindner beteiligt.

Die folgende Tabelle soll uns die große Bedeutung der Hefen bei der Herstellung von Alkohol und alkoholischen Getränken anhand von Produktionszahlen veranschaulichen.

Jahresproduktion der DDR 1958
(Angaben des Statistischen Jahrbuches der DDR 1958)

Rohsprit aus Melasse	188 200 hl
Rohsprit aus Sulfitablauge	92 400 hl
Rohsprit aus Getreide	230 400 hl
Wein und Sekt	125 900 hl
Spirituosen	622 100 hl
Bier	12 885 000 hl

Im Jahre 1958 betrug der durchschnittliche Verbrauch pro Kopf der Bevölkerung 1,6 Liter Spirituosen, 2 Liter Wein und Sekt und 76,5 Liter Bier!

e) Äthylalkohol

Der durch Hefen erzeugte Gärungsäthylalkohol (Rohsprit) wird nicht nur zu Spirituosen verarbeitet. Ein erheblicher Anteil findet in der chemischen, pharmazeutischen und kosmetischen Industrie Verwendung. Weitere Verwendungsmöglichkeiten sind auszugsweise in dem Schema auf Seite 50 zusammengestellt.

f) Glyzerin

In der Regel werden bei der alkoholischen Gärung nicht nur Alkohol und Kohlendioxyd als Endprodukte gebildet. Es entstehen außerdem geringe Mengen Glyzerin. Durch chemische Zusätze zur Gärlösung kann die Glyzerinausbeute erheblich gesteigert werden. Am bekanntesten ist die Zugabe von Natriumsulfit. Im 1. Weltkrieg wurden monatlich etwa 1000 Tonnen Glyzerin durch das „Sulfitverfahren" gewonnen. Glyzerin, $CH_2OH — CHOH — CH_2OH$, wird für zahlreiche Zwecke benötigt. Es findet als Lösungsmittel, zur Herstellung von kosmetischen Artikeln, von Frostschutzmitteln, Sprengstoff und zahlreichen anderen Produkten Verwendung.

g) Fuselöl

Manchmal treten nach dem Genuß von alkoholischen Getränken Kopfschmerzen und andere Beschwerden auf, die unter dem Begriff „Brummschädel" hinreichend bekannt sind. Die Ursache dafür ist im Fuselöl zu suchen. Im Rohsprit ist etwa 0,1 bis 0,7 % Fuselöl enthalten. Es setzt sich aus Amyl- und Isoamylalkohol sowie aus geringen Mengen Isobutyl- und n-Propylalkohol zusammen. Das Fuselöl wird von den Hefen aus Eiweißbestandteilen der Gärlösungen gebildet. Amylalkohol entsteht aus der Aminosäure Isoleucin nach der Formel

$$\begin{matrix} CH_3 \\ CH_3 \cdot CH_2 \end{matrix}\!\!>\! CH \cdot CH(NH_2) \cdot COOH + H_2O \longrightarrow \begin{matrix} CH_3 \\ CH_3 \cdot CH_2 \end{matrix}\!\!>\! CH \cdot CH_2OH + CO_2 + NH_3$$

Isoleucin + Wasser ⟶ Amylalkohol + Kohlendioxyd + Ammoniak

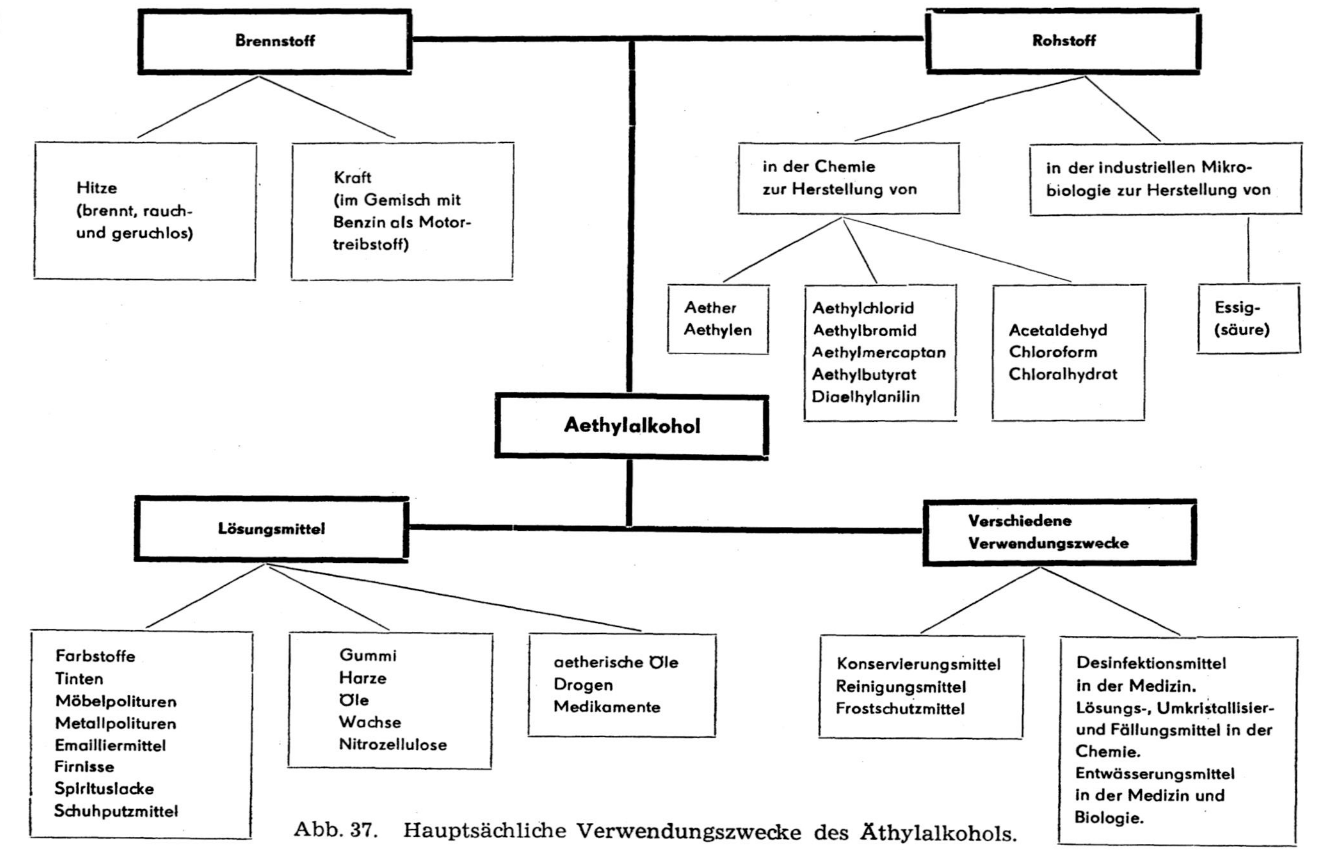

Abb. 37. Hauptsächliche Verwendungszwecke des Äthylalkohols.

Der Isoamylalkohol entsteht aus Leucin:

$$\begin{matrix}CH_3\\CH_3\end{matrix}\!\!>CH\cdot CH_2\cdot CH(NH_2)\cdot COOH + H_2O \rightarrow \begin{matrix}CH_3\\CH_3\end{matrix}\!\!>CH\cdot CH_2\cdot CH_2OH + CO_2 + NH_3$$

Aus dem zu Trinkzwecken gewonnenen Gärungsalkohol wird das Fuselöl abgetrennt. Es findet als Lösungsmittel bei der Lackherstellung Verwendung.

Die Nähr- und Futterhefen

Nach einem Bericht der Vereinten Nationen wird die Erde gegenwärtig von etwa drei Milliarden Menschen bevölkert, und Statistiker haben berechnet, daß sich die Menschheit bereits in einem Jahrhundert verdoppelt haben wird. Diese Entwicklung wird — vorausgesetzt, daß die menschliche Vernunft Macht über die lebensvernichtenden Atomkräfte behält — in den kommenden Jahrhunderten aller Wahrscheinlichkeit nach anhalten. In jedem weiteren Jahrhundert kann wiederum mit einer Verdoppelung der Bevölkerung gerechnet werden, so daß bereits nach Ablauf von kaum dreieinhalb Jahrhunderten die Möglichkeit einer Verzehnfachung der Bevölkerung besteht. Hält man sich diese Zahlen vor Augen, so erhebt sich unmittelbar die Frage: Wie sollen diese Menschen ernährt werden? Nun — wir können diese Frage heute erschöpfend noch nicht beantworten. Grund zur Schwarzmalerei und einer jeder Grundlage entbehrenden „biologischen Notwendigkeit" von Kriegen besteht jedoch keinesfalls. Vergegenwärtigen wir uns, welche ungeheuren Leistungen der Mensch im letzten Jahrhundert durch Forschung und Technik erzielte, denken wir an die Schaffung der noch vor wenigen Jahren als utopisch geltenden künstlichen Satelliten und Weltraumraketen, so kann kein Zweifel mehr darüber herrschen, daß bei entsprechend sinnvoller Entfaltung der menschlichen Schöpferkräfte sowohl der gegenwärtig in verschiedenen Teilen der Welt noch herrschende Dämon Hunger als auch die für die Zukunft von Pessimisten prophezeiten Ernährungsschwierigkeiten überwunden werden können. Dazu ist es aber notwendig, den Erfindergeist und die Schaffenskraft des Menschen auf die friedliche Zukunft der Menschheit zu richten und sie nicht für die Entwicklung sinnloser Zerstörungswerkzeuge für kriegerische Zwecke zu verschwenden.

Der aufmerksame Leser wird nun fragen, was das eben Gesagte mit den Hefen zu tun hat. Er wird es sofort merken, wenn wir uns einmal mit der Vermehrungsfähigkeit und dem Wert der Hefen für die Ernährung von Mensch und Tier in Gegenwart und Zukunft befassen.

Wenden wir uns zunächst der Vermehrung der Hefen zu. Unter günstigsten Bedingungen kann alle 20 Minuten von einer Hefezelle eine Tochterzelle gebildet werden. Diese kann bereits nach weiteren 20 Minuten eine neue Sproßzelle erzeugen. Mutter- und Tochterzellen können sich immer wieder, theoretisch bis ins Unendliche fortgesetzt, vermehren und eine wahrhaft gigantische Zahl von Nachkommen hervorbringen. Die Mikroorganismen, zu denen die Hefen gehören, stehen in der Erzeugung von Nachkommen an der Spitze aller Lebewesen. Es ist lehrreich, einmal anhand einer Zahlenreihe die Vermehrung einer einzigen Hefezelle zu verfolgen. Setzt man optimale Entwicklungsbedingungen voraus und nimmt für die Bildung einer Generation einen Zeitraum von 20 Minuten an, so haben sich nach Ablauf einer Stunde aus der Urzelle durch Sprossung 7 neue Zellen gebildet. Nach 4 Stunden ist die Zahl der Nachkommen bereits auf über Viertausend angestiegen, nach 7 Stunden ist eine Million überschritten, und nach etwa 10 Stunden wird eine Milliarde erreicht. Wer hätte das geahnt?

Erinnern wir uns noch einmal: Drei Milliarden Menschen wohnen gegenwärtig auf dem gesamten Erdball, obwohl die Ureltern des „Homo sapiens“ bereits vor einigen hunderttausend Jahren gelebt haben dürften. Und die Hefen? Nicht einmal einen halben Tag benötigen sie im günstigen Falle, um die gleiche Anzahl Nachkommen zu erzeugen. Man hat berechnet, daß schon nach wenigen Tagen die gesamte Erdkugel von einer meterdicken Schicht bedeckt sein würde, wäre den Hefen eine unbeschränkte Vermehrung möglich. Liegt da nicht der Schluß nahe, ernährungsmäßig die gewaltige Vermehrung der Bevölkerung durch die tausendfach gewaltigere Vermehrung von Mikroorganismen zu meistern? Nun, die ersten Versuche in dieser Richtung sind gemacht. So hat man in Deutschland bereits im ersten Weltkrieg Nährhefen produziert, um die Hungersnot zu lindern. Als Rohstoff wurde zunächst die relativ wertvolle Melasse, ein Abfallprodukt der Zuckerindustrie, die noch etwa 50% Zucker enthält,

Abb. 38 a. Hefeseparatoren zur Abtrennung und Reinigung der in der Sulfitablauge gewachsenen Futterhefe. Sie sind wie Milchzentrifugen gebaut. Die abzentrifugierte „Hefesahne“ wird mehrmals gewaschen, um die noch anhaftende Sulfitlauge zu entfernen.

Abb. 38 b. Walzentrockner zum Abtöten und Trocknen der Eiweißhefe.

verwendet. Später hat man gelernt, Hefen auf billigeren Rohstoffen zu züchten, wie z. B. auf Sulfitablaugen. Diese fallen in der Zelluloseindustrie in reichlichen Mengen an, und ihre Beseitigung stellte in früheren Jahren ein großes Problem dar. Sulfitablaugen enthalten ca. 2% Kohlehydrate. Leitet man sie in Flüsse ein, so kommt es nicht selten zu einer plötzlichen ungeheuren Vermehrung von Mikroorganismen, und den Fischen wird der im Wasser gelöste Sauerstoff entzogen. Verheerende Fischsterben sind die Folge.

Heute wird ein großer Teil der Sulfitablaugen verheft, d. h., sie werden auf einen günstigen pH-Wert eingestellt und nach dem Zusatz von Mineralsalzen, wie z. B. Ammoniumsulfat als Stickstoffquelle und Superphosphat als Phosphorquelle, mit besonders geeigneten Heferassen geimpft und belüftet. Die Hefen vermehren sich kräftig auf Kosten des in den Sulfitablaugen enthaltenen Zuckers. Sie werden abzentrifugiert, und die nunmehr unschädlichen Sulfitablaugen können in Flüsse abgeleitet werden. Durch dieses Verfahren schlägt man zwei Fliegen mit einer Klappe: Einmal werden durch das Verhefen von kohlehydratreichen Abwässern unsere Flüsse vor Verunreinigungen bewahrt, zum anderen gewinnt man dabei neben Alkohol ein wertvolles Nahrungsprodukt, das als sogenannte Futterhefe zunehmende Bedeutung in der Landwirtschaft gewinnt. Der Wert der Futterhefe liegt vor allem in dem hohen Eiweißgehalt. Sie enthält in getrocknetem Zustand etwa 50% Proteine und wird deshalb auch Eiweißhefe genannt. Da der Eiweißbedarf für die Viehhaltung in vielen Ländern durch das Eigenaufkommen der landwirtschaftlichen Betriebe nicht gedeckt werden kann, stellt die Futterhefe eine wertvolle Ergänzung dar. Sie kann zur Schließung der Eiweißlücke beitragen. Allerdings enthält Eiweißhefe nur wenige schwefelhaltige Aminosäuren, wie Methionin und Cystin, was ihren Wert etwas einschränkt. Dafür sind in der Futterhefe noch andere wichtige Stoffe enthalten, die in der Viehfütterung eine oft unterschätzte Rolle spielen. Das sind die Vitamine und Mineralstoffe. Futterhefe enthält vor allem die Vitamine des B-Komplexes.

Ein Hefeorganismus hat für die Herstellung von Futterhefe besondere Bedeutung erlangt, das ist die *Candida (Torulopsis) utilis*. Diese Hefe ist hinsichtlich der Stickstoffquelle wenig wählerisch. Sie kann Ammoniumsalze, Nitrate, Asparagin und sogar Harnstoff verwerten.

C. utilis benötigt zu ihrer Ernährung keine Vitamine, sondern kann diese selbst synthetisieren. Sie wächst besonders rasch und liefert hohe Ausbeuten. Auch der Nachteil der geringen Zellgröße, der sich bei der Abtrennung (Separation) der Hefemasse von der Nährlösung negativ bemerkbar machte, wurde überwunden. Die beiden Forscher Thaysen und Morris erzeugten 1943 durch Anwendung von Kampfer eine großzellige Mutante. Sie gaben ihr den Namen *Torulopsis (Candida) utilis* var. *major.*

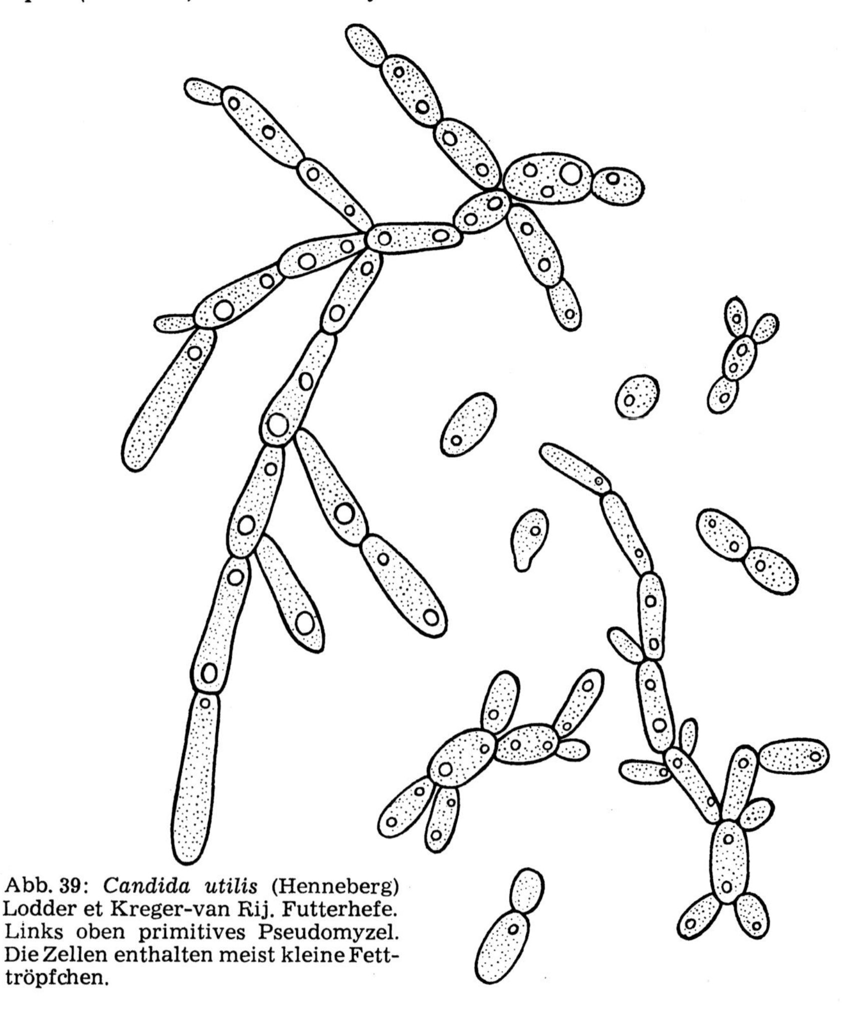

Abb. 39: *Candida utilis* (Henneberg) Lodder et Kreger-van Rij. Futterhefe. Links oben primitives Pseudomyzel. Die Zellen enthalten meist kleine Fetttröpfchen.

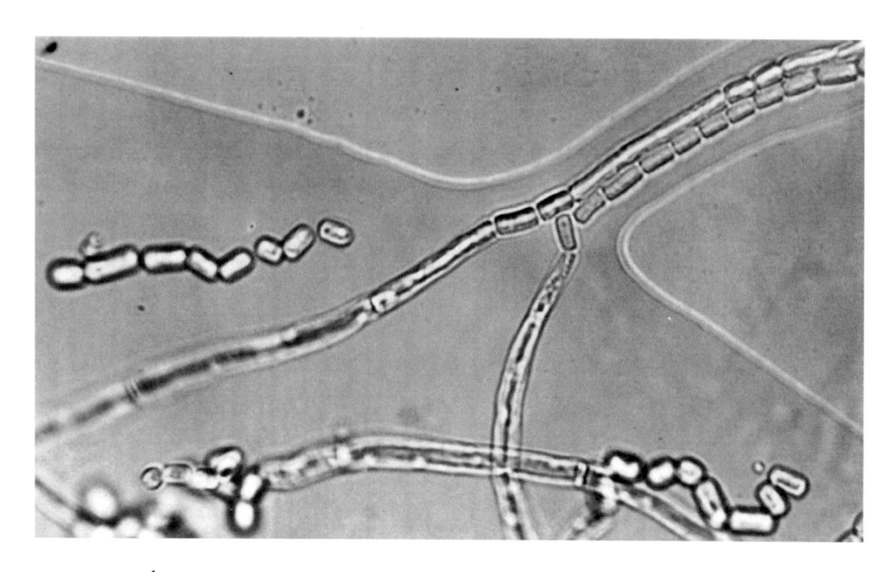

Abb. 40. *Oidium lactis* Fresenius. Der weiße Milchschimmel kommt, wie der Name sagt, vorwiegend auf Milch und Milcherzeugnissen vor, wird aber auch zur Produktion von Nähr- und Futterhefe herangezogen. Er vermehrt sich nicht durch Sprossung, sondern bildet echte Hyphen, die in Einzelzellen (Oidien) zerfallen und zur Verbreitung dienen.

Neben der *Candida utilis* hat man auch andere Hefeorganismen für die Gewinnung von Futterhefen herangezogen, so z. B. *Candida tropicalis* und den hefeähnlichen Milchschimmel *Oidium (Oospora) lactis. C. tropicalis* kann neben den aus 6 Kohlenstoffatomen aufgebauten Zuckerarten (Hexosen) auch den nur 5 Kohlenstoffatome enthaltenden Holzzucker (Xylose) als Kohlehydratquelle verwenden. Das ist bei der Verwertung der holzzuckerhaltigen Sulfitlaugen von Wichtigkeit, da *C. utilis* Xylose nur in geringem Maße ausnutzen kann.

Wurden im ersten Weltkrieg nur geringe Mengen Futter- und Nährhefen produziert und verwendet, so stieg bereits im zweiten Weltkrieg die Produktion in Deutschland auf mehrere tausend Tonnen an. Als Rohstoff wurden in zunehmendem Maße Holzhydrolysate verwendet. Besonders Buchenholzhydrolysate erwiesen sich als günstig. Sie werden in Deutschland vor allem nach dem Waldhof-Verfahren verarbeitet. Nach dieser Methode wird die Futterhefe in etwa 300 m^3 fassenden Tanks bei einer Temperatur von 32° C gezüchtet. Sie kann kontinuierlich geerntet werden.

England baute zu Beginn des zweiten Weltkrieges auf der Insel Jamaica ein großes Hefewerk, in dem vor allem Zuckerrohrprodukte als Rohstoffquelle verwendet wurden.

Während man anfangs die Gewinnung von Nähr- und Futterhefen nur in den Notzeiten der Kriege stärker förderte, wurden nach dem zweiten Weltkrieg die Forschungsarbeiten in dieser Richtung fortgesetzt und weitere Hefefabriken gebaut. Zahlreiche Patente künden von besonders wirtschaftlichen und produktiven Verfahren, und die Entwicklung ist keinesfalls abgeschlossen.

Obwohl Futterhefen in zunehmendem Maße in der Tierernährung Einzug halten, stehen der breiten Verwendung von Nährhefen für die menschliche Ernährung noch einige beträchtliche Schwierigkeiten entgegen. „Pilzwurst" und „Eiweißwurst", beides Nährhefeprodukte, die aus Molke gewonnen wurden und uns noch aus den Kriegsjahren in unangenehmer Erinnerung sind, schmecken eben nicht wie echte Wurst, an die nun unser Gaumen einmal gewöhnt ist. Da sagt uns schon der Umweg — die Verfütterung von Futterhefen z. B. an Schweine und somit die Erzeugung von Schweinefleisch — eher zu. Auch der Zusatz von Nährhefe zum Brot, wie er von den Engländern praktisch angewendet wurde, stößt auf geringere Ablehnung. Nun, die Entwicklung in dieser Richtung steht noch in den Anfangsschwierigkeiten. Es gibt jedoch bereits Erfolge, die eine aussichtsreiche Zukunft ahnen lassen.

Die Bäckerhefe

Bäckerhefe wird großtechnisch ähnlich wie Futter- und Nährhefe gewonnen. Das Verfahren ist bedeutend älter und das ursprüngliche. Die erste Bäckerhefe, sie wird auch als Preßhefe bezeichnet, soll von dem Engländer Mason im Jahre 1792 hergestellt worden sein. Dagegen ist die Bereitung von Brot weit älter und wird bereits von den Geschichtsschreibern der alten Römer und Griechen erwähnt. Die Verwendung von Sauerteig als Triebmittel ist ebenfalls bereits Jahrtausende bekannt, und schon in der Bibel wird zwischen gesäuertem und ungesäuertem Brot unterschieden. Das ist nicht verwunderlich. Sauerteig ist ja nichts anderes als ein Stück übrig gebliebener Teig vom letzten Backtag, in dem sich Mikroorganismen besonders

Abb. 41. Blick in den Gärbottich einer Preßhefefabrik. Da Sauerstoff das Wachstum der Hefe wesentlich fördert, die Alkoholbildung aber hemmt, wird Preßluft eingeblasen. Unter günstigen Bedingungen kann man aus 100 kg Melasse 100 kg Preßhefe erzeugen.

zahlreich vermehren konnten. Was der Bäcker im Sauerteig besonders schätzt, sind die gasbildenden Hefen und Bakterien. Sie bewirken das „Gehen“ des Teiges und machen ihn locker. Außerdem wirken sie an der Bildung von Aromastoffen mit, die uns frischgebackenes Brot so schmackhaft machen.

Nicht immer vermehren sich im Sauerteig nur nützliche Mikroben, die das Backwerk durch die Gärgase lockern, und der Hausfrieden wird auch bei unseren Vorfahren durch mißratenes Backwerk schon gestört worden sein. Das Sprichwort „Liebe geht durch den Magen“ stammt nicht erst aus unseren Tagen, und damals war der Schuldige — er wurde auch damals schon gesucht — nicht der Bäcker, sondern stets die Frau des Hauses, denn ihr oblag die Bereitung von Speise und Trank. Kein Wunder, daß man sich schon zeitig über das Aufgehen des Teiges Gedanken machte.

Heute hat das Bereiten von Weißbrot, Schrippen, Knüppeln, Kuchen, Brezeln, oder wie die knusprigen Sachen sonst heißen mögen, viel von seinem Geheimnis und damit auch von seinen Schwierigkeiten verloren. Fast in allen Ländern der Welt wissen die Bäcker die Preßhefe zu nutzen und kennen ihre Anwendung bis aufs Feinste.

Saccharomyces cerevisiae Hansen lautet die lateinische Bezeichnung für die Bäckerhefe. Sie ist somit mit der obergärigen Bierhefe verwandt. Tatsächlich kann man auch mit Brauereihefen backen, wie das in Notzeiten nicht selten geschah. Als Preßhefe nimmt man jedoch keine Brauereihefenstämme, sondern ausgewählte Rassen, die sich für die Backwerkbereitung durch gute Triebkraft als besonders vorteilhaft erwiesen haben. In den Preßhefefabriken werden diese Stämme in großen Tanks unter kräftiger Belüftung in Melasse gezüchtet. Luftzufuhr regt die Hefezellen zu starkem Wachstum an und unterbindet die Alkoholbildung. Notwendigenfalls werden Mineralsalze zugesetzt. Die abzentrifugierte Hefe wird gewaschen, mit Filterpressen vom anhaftenden Wasser befreit und kommt in den bekannten Würfeln in den Handel. Die Preßhefe muß bei niederen Temperaturen gelagert werden, da sonst die Hefezellen absterben oder durch unerwünschte Pilze und Bakterien zerstört werden.

Sogenannte aktive Trockenhefe ist durch spezielle Verfahren getrocknete Bäckerhefe, die eine größere Haltbarkeit besitzt. Bei

Abb. 42. Die gewaschene, abzentrifugierte Hefe wird in der Stangenpresse geformt.

sachgemäßer Lagerung kann sie ihre Lebenskraft mehrere Monate, im günstigen Fall sogar bis zu einem Jahr behalten.

Die Systematik der Hefen

In den folgenden Abschnitten soll auf die Benennung und die Verwandtschaft der verschiedenen Hefearten und ihre Einordnung in ein natürliches System eingegangen werden. Mancher Leser wird an diese Dinge mit einer mehr oder weniger großen Abneigung herangehen. Der Grund dafür mag häufig in einer gewissen Unkenntnis liegen, deshalb soll zunächst einiges Allgemeines über dieses Thema gesagt werden.

Seit jeher sind die Wissenschaftler bemüht, Pflanzen und Tiere einheitlich zu benennen und nach ihrer natürlichen Verwandtschaft in ein System einzuordnen. Das ist zur Unterscheidung der verschiedenen Lebewesen voneinander und zur gegenseitigen Verständigung der Wissenschaftler und Praktiker unbedingt notwendig. Während man über die verwandtschaftlichen Beziehungen der Pflanzen und Tiere schon gut Bescheid weiß, ist in dieser Hinsicht über die Mikroorganismen nur sehr wenig bekannt. Das liegt einmal an der Kleinheit der Mikroben und an den Schwierigkeiten, sie zu untersuchen.

Wie in der Zoologie und in der Botanik, werden auch in der Mikrobiologie verschiedene Organismenarten voneinander unterschieden, und jede bestimmte Art ist durch zwei lateinische Namen, den Gattungs- und Artnamen gekennzeichnet. So gehört die Bierhefe zur Gattung *Saccharomyces.* Sie ist die Art *S. cerevisiae.* Jede Gattung umfaßt gewöhnlich mehrere verschiedene Arten, die sich aber alle in bestimmten Merkmalen gleichen. So zählen gegenwärtig zur Gattung *Saccharomyces* etwa 30 verschiedene Arten, die alle Glukose vergären und Alkohol bilden. Dazu gehört auch die Weinhefe, die früher *Saccharomyces ellipsoideus* genannt wurde, jetzt aber nicht mehr als selbständige Art, sondern als Unterart von *S. cerevisiae* angesehen wird. Sie wird dementsprechend jetzt *Saccharomyces cerevisiae* var. *ellipsoideus* (Hansen) Dekker, 1931 genannt. Dabei steht in Klammern der Name des Forschers, der den Organismus zum ersten Male beschrieben hat. Dekker, 1931 bedeutet, daß diese Art 1931 von Dekker umbenannt wurde. In der Zoologie und Botanik erfolgt die

Namensgebung im allgemeinen auf die gleiche Art und Weise. In der Mikrobiologie sollte aber auf den Zusatz des Namens des beschreibenden Forschers aus folgenden Gründen besonders geachtet werden: Durch die Kleinheit der Mikroorganismen und die damit verbundenen Schwierigkeiten bei der Untersuchung sind besonders die aus früheren Jahrzehnten stammenden Artbeschreibungen nur sehr spärlich und ungenau gehalten. So kam es häufig vor, daß verschiedene Organismenarten unter dem gleichen Namen bekannt wurden, während andererseits auch ein und dieselbe Art mehrfach und mit unterschiedlichen Namen von verschiedenen Forschern beschrieben wurde. So sind, um bei dem Beispiel Weinhefe zu bleiben, allein für diesen Mikroorganismus über 20 Bezeichnungen bekannt.

Hier soll noch kurz auf die Bedeutung des Begriffes „Stamm“ eingegangen werden. Als Hefestamm bezeichnet der Praktiker ganz allgemein eine bestimmte Hefekolonie, auch einfach Kultur genannt, die sich durch bestimmte Merkmale auszeichnet. Solche Hefestämme haben häufig in der Praxis große Bedeutung. So werden die verschiedenen Biersorten z. B. nicht nur durch die Verwendung unterschiedlicher Rohstoffarten und Mengen, sondern auch durch die Vergärung mit verschiedenen Hefestämmen gewonnen. Ein Hefestamm hat für die industrielle Mikrobiologie etwa die gleiche Bedeutung wie ein Tierstamm für die Tierzucht. In systematischer Hinsicht kann der Begriff Stamm etwa mit dem Begriff Rasse gleichgesetzt werden. Der Einfachheit halber werden Mikroorganismenstämme gewöhnlich mit einer Nummer gekennzeichnet.

System

Da lange Zeit auf dem Gebiet der Hefesystematik große Unklarkeit herrschte, soll für den interessierten Leser im folgenden ein modernes System wiedergegeben werden. Nach dem heutigen Stand der Wissenschaft werden etwa 500 verschiedene Hefearten unterschieden. Ständig werden jedoch von Forschern neue Arten entdeckt und beschrieben, und gegenwärtig ist noch nicht abzusehen, welchen Anteil die bekannten Hefearten von den wirklich in der Natur vorkommenden ausmachen. Nicht zuletzt ist das davon abhängig, was man unter dem Begriff „Art“ versteht. Ist es schon schwierig, den

Artbegriff für die allgemeine Biologie zu definieren, so ist es für die Mikrobiologie noch unvergleichlich schwieriger. Gegenwärtig hängt es weitestgehend von der persönlichen Meinung eines Forschers ab, ob er zwei Hefen, die sich z. B. nur in der Assimilation eines Zuckers, z. B. von Maltose, unterscheiden, als ein und dieselbe Art, als zwei verschiedene Arten oder als Art und Abart betrachtet. Es wird Aufgabe zukünftiger Forschungen sein, in dieser Hinsicht Klarheit zu schaffen.

Nach dem gegenwärtigen Stand der Wissenschaft kann man die Hefen in drei große Gruppen einteilen. Das sind

1. Hefen mit Ascosporenbildung, Familie *Endomycetaceae;*
2. Hefen ohne Ascosporenbildung, Familie *Cryptococcaceae* und
3. Hefen mit Ballistosporenbildung, Familie *Sporobolomycetaceae.*

In Anlehnung an das bekannte Werk der Hefesystematik von Lodder und Kreger-van Rij kann die 1. Familie folgendermaßen unterteilt werden:

Familie: Endomycetaceae

Unterfamilie:			
Endomycetoideae	Saccharomycetoideae	Nematosporoideae	Lipomycetoideae
Gattung:			
Schizosaccharomyces	Endomycopsis	Monosporella	Lipomyces
	Saccharomyces	Nematospora	
	Pichia	Coccidiascus	
	Hansenula		
	Schwanniomyces		
	Debaryomyces		
	Saccharomycodes		
	Hanseniaspora		
	Nadsonia		

Die Gattung *Schizosaccharomyces* wurde 1893 von dem bekannten deutschen Hefeforscher Paul Lindner aufgestellt. Sie umfaßt die Spalthefen, die sich nicht durch Sprossung, sondern ähnlich wie die Bakterien durch Querteilung vermehren. Echtes Myzel kommt ebenfalls vor. Es kann in Arthrosporen aufbrechen. Die Gattung umfaßt nur 3 Arten, die vorwiegend in den tropischen Ländern verbreitet sind, *Schizosaccharomyces octosporus* Beijerinck bildet acht Sporen in einem Ascus.

In der morphologisch sehr formenreichen Gattung *Endomycopsis* Dekker herrscht die Bildung von echtem Myzel mit anhängenden Blastosporen vor. Das Myzel kann zu Arthrosporen zerfallen. Außerdem werden Sproßzellen und Pseudomyzel gebildet. Die Ascosporen sind rund, oval, hutförmig, sichel- oder saturnförmig. In chemischer Hinsicht herrscht Atmung vor, das Gärvermögen ist nur schwach ausgeprägt. Am bekanntesten ist *Endomycopsis fibuliger* (Lindner) Dekker, der weiße Brotschimmel.

Die Gattung *Saccharomyces* (Meyen) Rees umfaßt die wichtigen Kulturhefen, wie *Saccharomyces cerevisiae* Hansen, die die zahlreichen Bierhefen-, Brennereihefen- und Backhefenrassen umfaßt, *Saccharomyces carlsbergensis* Hansen, eine untergärige Bierhefe, und *S. cerevisiae* var. *ellipsoideus* (Hansen) Dekker, die Weinheferassen. Die Zellen sind rund, oval oder langgestreckt und vermehren sich vorwiegend durch allseitige Sprossung. Selten tritt Pseudomyzelbildung auf. Bei der Ascosporenbildung wird entweder eine diploide Zelle direkt zum Ascus, oder es findet vorher eine Kopulation zwischen haploiden Zellen statt. Gewöhnlich werden in jedem Ascus vier runde, ovale oder selten hutförmige oder eckige Sporen gebildet.

Die Gärfähigkeit ist bei allen Arten kräftig ausgeprägt. Zu den Gattungen *Pichia* Hansen und *Hansenula* H. et P. Sydow gehören die Kahmhefen, die auf Flüssigkeiten Kahmhäute bilden. Die Arten der Gattung *Hansenula* können ihren Stickstoffbedarf aus Nitraten decken. Sie sind in der Natur weit verbreitet und kommen häufig als Infektionen in Brauereien vor.

Die Gattungen *Schwanniomyces* Klöcker und *Debaryomyces* Lodder et Van Rij umfassen vorwiegend Hefen mit einfachen Zellformen. Die Sproßzellen sind oval, rund oder etwas langgestreckt. In dem Ascus wird gewöhnlich nur eine runde Spore mit warziger Oberfläche gebildet. Die in die Gattung *Debaryomyces* gehörenden Arten werden vorwiegend auf Fleisch- und Wurstwaren angetroffen. *D. nicotianae* Giovannozzi ist bei der Tabak-Fermentierung beteiligt.

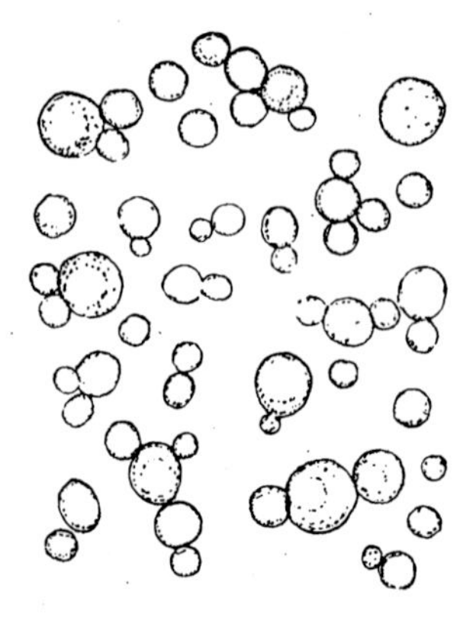

Abb. 43. *Debaryomyces nicotianae* Giovannozzi.

Die Gattungen *Saccharomycodes* Hansen, *Hanseniaspora* Zikes und *Nadsonia* Sydow umfassen nur wenige Arten. Sie zeichnen sich alle durch zitronenförmige Zellen mit bipolarer Sprossung aus. *Saccharomycodes ludwigii* Hansen wird als Weinhefe verwendet.

Die Gattungen *Monosporella* Keilin und *Nematospora* Peglion, die nadel- bis spindelförmige Sporen bilden, sind nur wenig erforscht; desgleichen die Gattung *Coccidiascus* Chaiton.

Die Zellen der Gattung *Lipomyces* Lodder et van Rij sind von einer Schleimkapsel umgeben. Sie speichern Fett. Die Sporenschläuche enthalten 4 bis 16 Sporen und werden als Ausstülpungen von Sproßzellen gebildet.

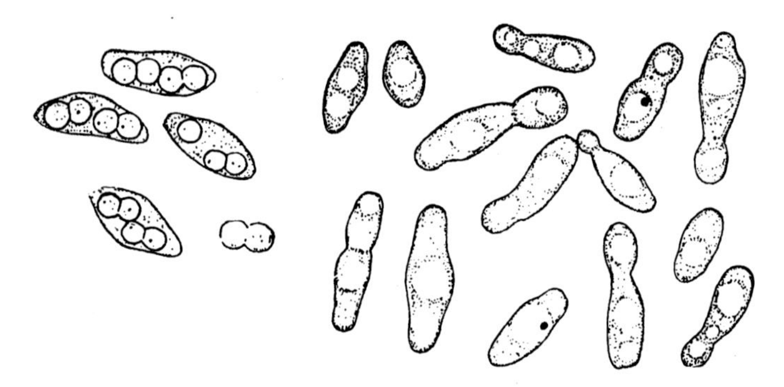

Abb. 44. *Saccharomycodes ludwigii* Hansen zeichnet sich durch zitronenförmige Zellen aus. Rechts Sporenschläuche mit den Ascosporen.

Die 2. Familie, von der Ascosporen unbekannt sind, wird wie folgt untergliedert:

Familie:		Cryptococcaceae	
Unterfamilie:	Cryptococcoideae	Trichosporoideae	Rhodotoruloideae
Gattung:	Cryptococcus Torulopsis Pityrosporum Brettanomyces Candida Kloeckera Trigonopsis	Trichosporon	Rhodotorula

Die Zellen der Gattung *Cryptococcus* (Kützing) Vuillemin sind rund, oval oder von unregelmäßiger Gestalt. Sie werden von einer Kapsel umgeben. In der Kapsel und in der Zelle können stärkeähnliche Substanzen gebildet werden, die sich mit Jod-Jodkalium-Lösung violett färben. Die Kolonien sind schleimig. Sie werden auf Lebensmitteln gefunden. *C. neoformans* kommt als Parasit des Menschen vor.

Zur Gattung *Torulopsis* Berlese gehören zahlreiche Hefearten mit runden, ovalen oder selten etwas langgestreckten Zellen. Sie

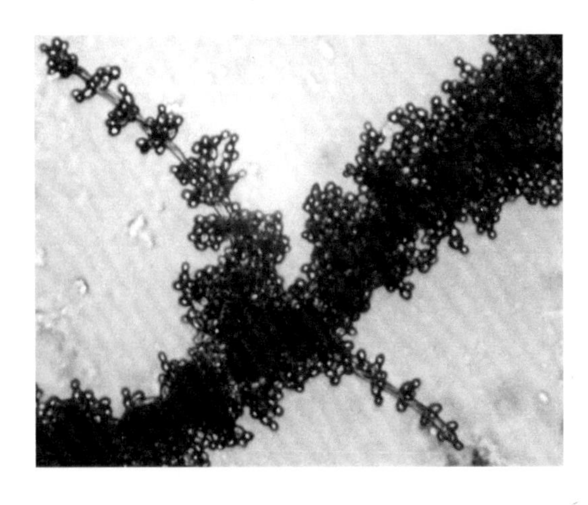

Abb. 45. *Candida albicans* (Robin) Berkhout, der Soorerreger, unter dem Mikroskop. Das Pseudomyzel ist von unzähligen Blastosporen bedeckt.

Abb. 46. *Trigonopsis variabilis* Schachner bildet dreieckige Zellen.

vermehren sich durch vielseitige Sprossung, selten kommt es zu primitiver Pseudomyzelbildung. Stärkeähnliche Substanzen werden nicht, Kapseln nur selten gebildet. *Torulopsis*-Arten sind in der Natur weit verbreitet.

Die Gattung *Candida* Berkhout ist die artenreichste Gattung unter den nichtsporenbildenden Hefen. Die Zellen sind durch großen Formenreichtum ausgezeichnet. Außer durch vielseitige Sprossung vermehren sie sich durch mehr oder weniger gut entwickeltes Pseudomyzel und teilweise durch echtes Myzel. Neben Blastosporen sind Chlamydosporen gefunden worden. Gärfähigkeit ist bei manchen Arten vorhanden, bei anderen fehlt sie.

Candida albicans (Robin) Berkhout ist der Soorerreger.

Candida utilis (Henneberg) Lodder et Kreger-van Rij ist die bekannte Eiweiß- oder Futterhefe. Sie wurde früher in die Gattung *Torula* bzw. *Torulopsis* eingereiht.

Candida mycoderma (Reess) Lodder et Kreger-van Rij bildet Kahmhäute auf Flüssigkeiten. Sie ist wahrscheinlich die sporenlose Form von *Pichia membranaefaciens* Hansen, denn außer in der Sporenbildung bestehen zwischen beiden Arten keine Unterschiede. Ähnliche Beziehungen bestehen auch zwischen anderen nichtsporenbildenden Hefen und entsprechenden Arten der Sporenbildner.

Die Gattung *Kloeckera* Janke bildet zitronenförmige oder ovale, die Gattung *Trigonopsis* dreieckige oder ovale Zellen. *Kloeckera*-Hefen kommen häufig im Most zu Beginn der Gärung vor. Sie können Glukose und zum Teil auch Saccharose gut vergären.

Die Gattung *Trichosporon* Behrend zeichnet sich ähnlich wie die Gattung *Endomycopsis* durch großen Formenreichtum aus. Sproßzellen und echtes Myzel lösen einander ab. Neben Arthrosporen wer-

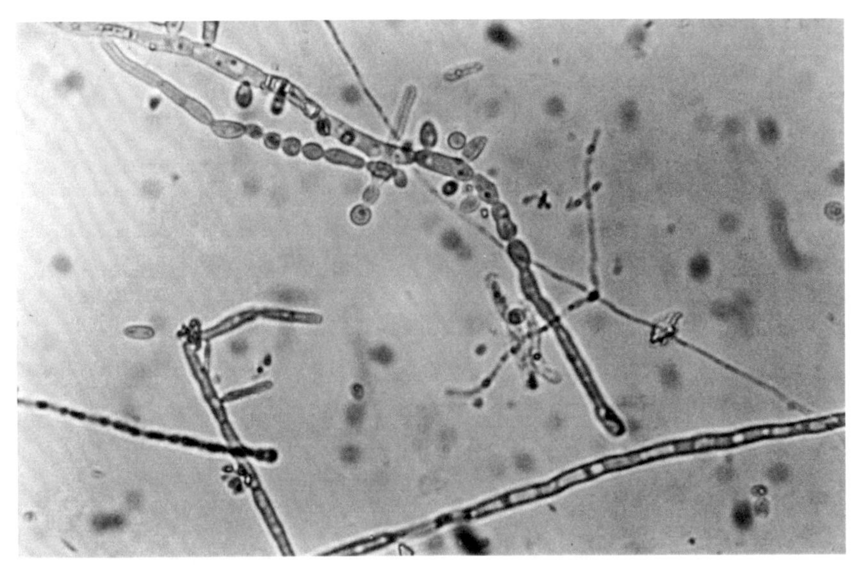

Abb. 47. *Trichosporon variabile* (Lindner) Delitsch zeichnet sich durch besonders großen Formenreichtum aus. Neben Sproßzellen werden echte Hyphen mit ansitzenden Blastosporen gebildet. Auch Arthrosporen kommen vor.

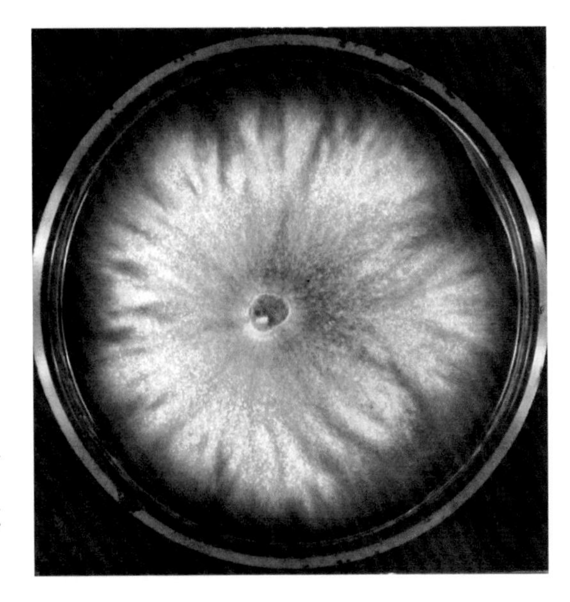

Abb. 48. Die Riesenkolonie einer „Schimmelhefe" auf künstlichem Nährboden in einer Petrischale. Die Hyphen wachsen flach auf dem Nährboden.

den vorwiegend Blastosporen gefunden, die Ketten bilden. Die *Trichosporon*-Arten bilden den Übergang zu den Hyphenpilzen. Auf Grund ihrer ausgeprägten Myzelbildung werden sie auch „Schimmelhefen" genannt.

Nur wenige *Trichosporen*-Arten besitzen schwache Gärfähigkeit. *Trichosporen variabile* (Lindner) Delitsch bildet auf Weißbrot weiße, mehlartige Flecke. *T. cutaneum* (De Beurmann, Gougerot et Vaucher) Ota kommt auf Lebensmitteln, aber auch auf der Haut des Menschen vor.

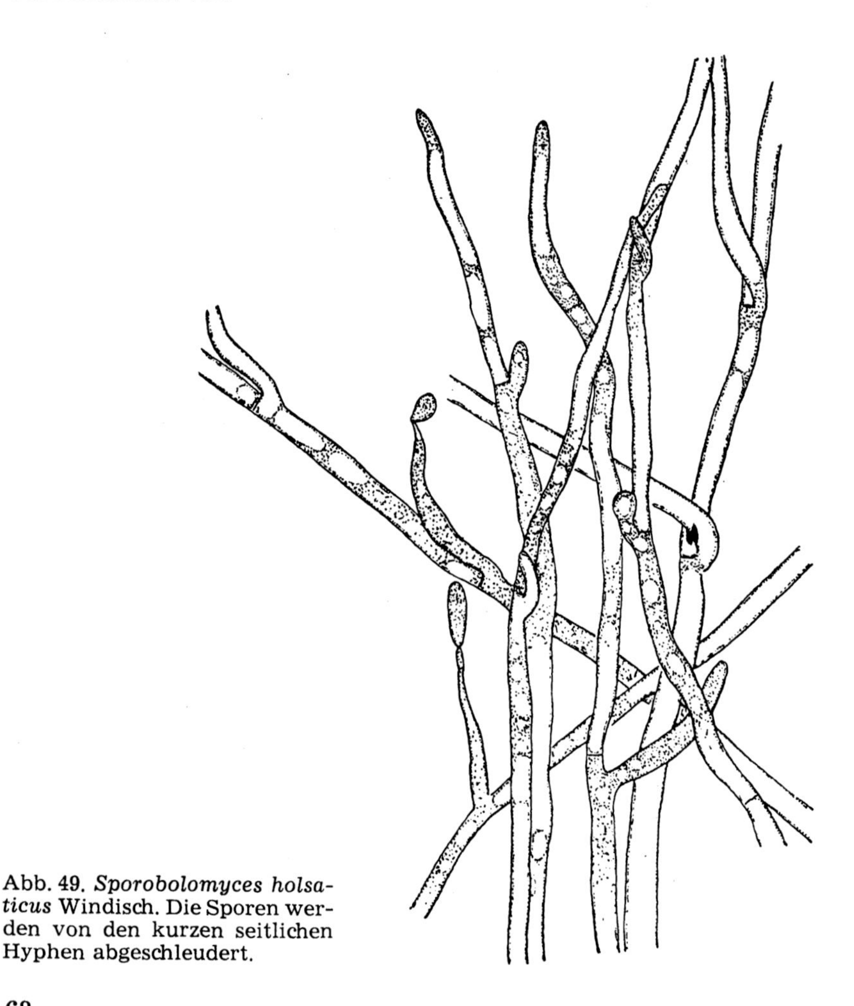

Abb. 49. *Sporobolomyces holsaticus* Windisch. Die Sporen werden von den kurzen seitlichen Hyphen abgeschleudert.

In der Gattung *Rhodotorula* Harrison sind die „Roten Hefen“ zusammengefaßt. Sie fallen durch die Bildung von gelben oder roten karotinoiden Farbstoffen ins Auge. Die Zellen sind rund, oval oder langgestreckt. Sie vermehren sich durch multilaterale Sprossung. Rote Hefen können Zucker nicht vergären. Einige Arten bilden Schleim, wie *Rhodotorula mucilaginosa* (Jörg.) Harrison.

Die dritte Familie, *Sporobolomycetaceae*, umfaßt einige weniger umfangreiche Gattungen, wie *Sporobolomyces* Kluyver et van Niel und *Bullera* Derx, deren Stellung noch unklar und umstritten ist.

Die *Sporobolomycetaceae* zeichnen sich durch die Ballistosporenbildung aus. Ballistosporen werden auf kurzen aufrechten Hyphen gebildet und mit Hilfe eines besonderen Schleudermechanismus durch den plötzlichen Austritt von Zellflüssigkeit verbreitet. Sie sind bohnen- oder zitronenförmig.

Die Identifizierung von Hefen

Immer wieder steht der Gärungstechniker vor der Frage, ob in seinem Gärbottich wertvolle Kulturhefe ihr Werk vollbringt oder ob sich eine unerwünschte Wildhefe angesiedelt hat. Mit bloßem Auge ist das nicht festzustellen. Nach dem mikroskopischen Bild gelingt es dem geübten Mikrobiologen, verschiedene Hefearten voneinander zu unterscheiden, wenn sie deutlich unterschiedliche Zellformen bilden. Die Frage, um welche Hefearten es sich handelt, kann jedoch durch das morphologische Bild allein nicht beantwortet werden. Soll die in einem Gärbottich vorkommende Mikroflora identifiziert werden, so geht das nicht so einfach, wie man etwa die Unkrautflora eines Ackers bestimmt. Der geübte Biologe wird zur Identifizierung einer höheren Pflanze wenige Minuten benötigen. Der Mikrobiologe braucht zur Bestimmung einer Hefe meist mehrere Wochen, wenn nicht gar Monate. Neben der Morphologie muß er die physiologischen Eigenschaften der zu diagnostizierenden Hefen untersuchen. Zu diesem Zweck läßt er die Hefen auf verschiedenen Nährböden wachsen. Der erste Schritt vor der eigentlichen Identifizierung von unbekannten Hefearten ist die Herstellung von Reinkulturen. Reinkulturen sind Zellkolonien, die nur Zellen einer bestimmten Hefeart enthalten. Sie werden in den mikrobiologischen Laboratorien vorwie-

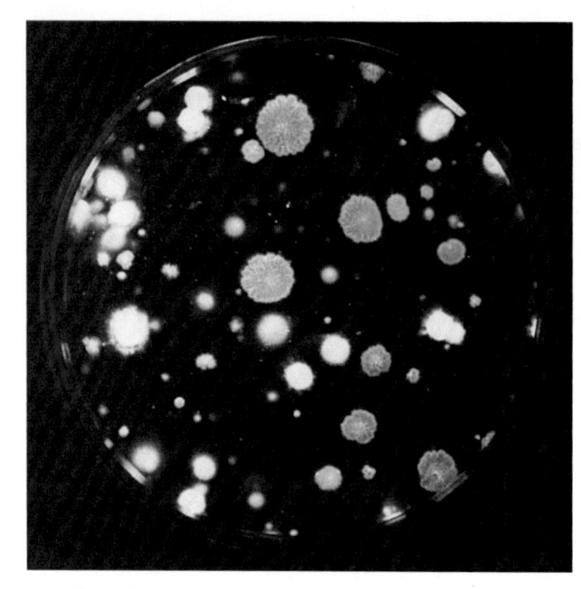

Abb. 50. Bebrütete Petrischale mit künstlichem Nährboden. Die eingebrachten verschiedenen Mikroorganismenzellen sind zu unterschiedlichen Kolonien ausgewachsen. Die voneinander getrennt liegenden Kolonien können nun einzeln auf sterilen Nährböden weitergezüchtet werden. Soweit sie aus einer einzigen Zelle hervorgegangen sind, sind es „Reinkulturen“ einer bestimmten Mikroorganismenart.

gend nach dem klassischen Verfahren von Robert Koch folgendermaßen gewonnen:

Einige Tropfen Flüssigkeit mit den zu untersuchenden Hefearten werden in eine sterile Petrischale gegossen. Dann gibt man sterilen, verflüssigten Agar-Nährboden zu und mischt so kräftig, daß schließlich alle Hefezellen voneinander getrennt werden. Den Agar-Nähr-

Abb. 51.–55. (nebenstehend) Die auf künstlichem Nährboden nach dem Koch'schen Plattenverfahren voneinander getrennten verschiedenen Mikroorganismenarten können als „Reinkulturen“ getrennt weitergezüchtet werden. Dazu wird zunächst eine Platinöse in der Flamme ausgeglüht (links oben). Mit der sterilen Platinöse wird von der gewünschten Kolonie eine kleine Menge abgenommen (links mitte) und in ein steriles Reagenzglas mit künstlichem Agarnährboden überführt (links unten). Der Mikrobiologe nennt diesen Vorgang Abimpfen bzw. Überimpfen. Die in die Reagenzgläser überimpften „Reinkulturen“ werden mit einem Wattebausch verschlossen. Der Watteverschluß ermöglicht den Zutritt von Luft, verhindert jedoch das Eindringen der stets in der Luft enthaltenen Mikroorganismenkeime.
Im Brutschrank entwickeln sich die abgeimpften Mikroben nach wenigen Tagen zu Kolonien (rechts oben). Sie können nunmehr als „lebendes Herbarium“ aufbewahrt werden (rechts unten). Bei geeigneter Pflege und Temperaturen von etwa 3 bis 5° C bleiben sie über Jahrzehnte lebensfähig und stehen jederzeit für wissenschaftliche Untersuchungen, für Vergleichszwecke und gegebenenfalls für die Verwendung auf dem Gebiet der industriellen Mikrobiologie zur Verfügung.
Die bekannteste Stammsammlung von Hefekulturen wird in Baarn in Holland gehalten.

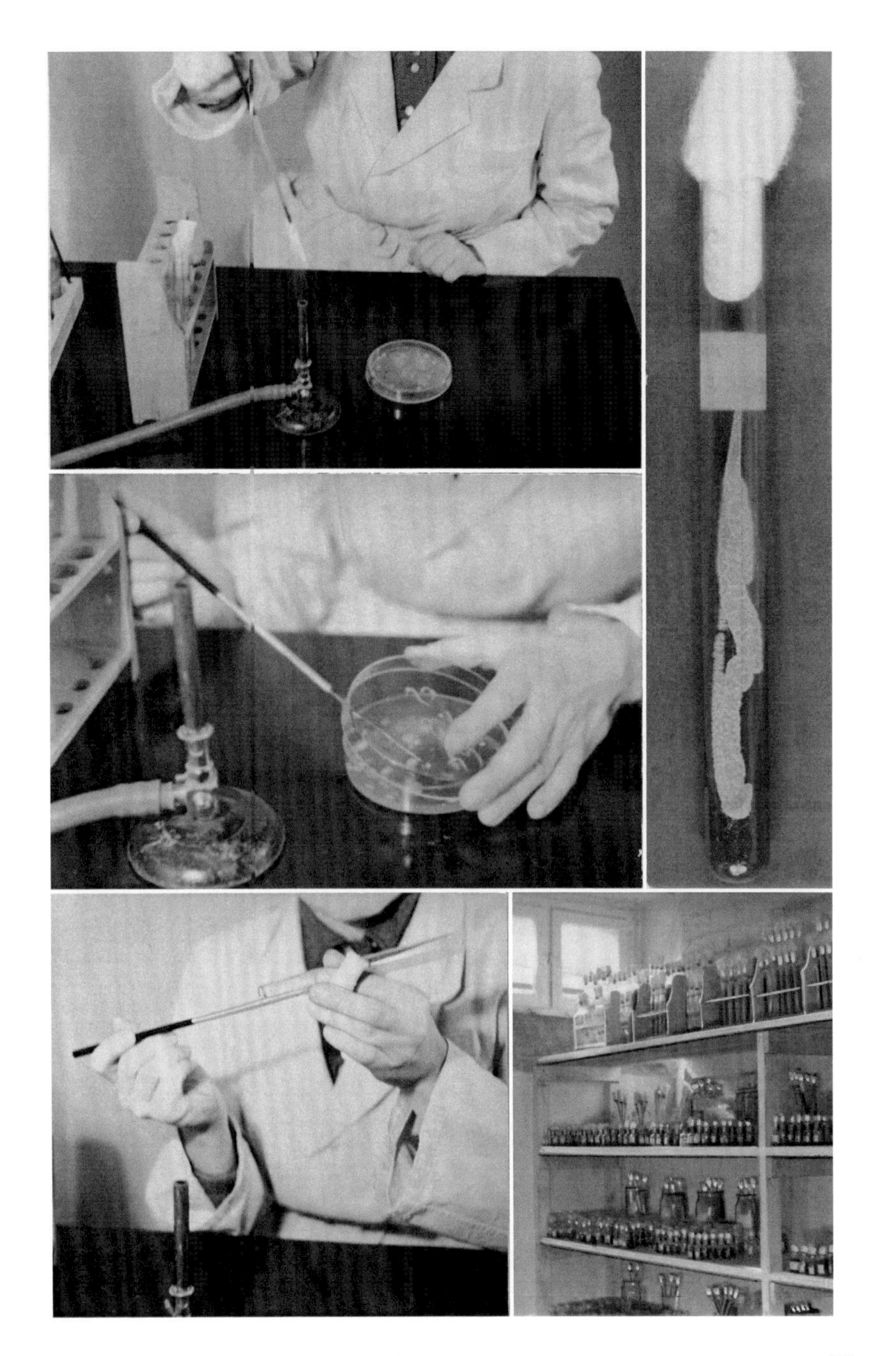

Abb. 56. Ständer mit Gärröhrchen zur Prüfung der Gärfähigkeit von Hefen. Die Gärröhrchen werden mit sterilen Zuckerlösungen und der zu prüfenden Hefe gefüllt. Kann sie den Zucker vergären, so wird Kohlendioxyd gebildet, das in dem senkrechten Schenkel des Röhrchens aufgefangen wird. Der Watteverschluß verhindert das Eindringen fremder Keime (Infektionen).

boden läßt man erkalten. Dabei wird er fest. Nun stellt man die Petrischalen in einen Brutschrank. Die im Nährboden verteilten Hefezellen vermehren sich nach einigen Tagen zu Kolonien, die man mit bloßem Auge erkennen kann. Aus jeder Zelle entsteht eine Kolonie. Lagen die Zellen weit genug voneinander entfernt, so wachsen die Kolonien an verschiedenen Stellen, ohne sich zu berühren. Auf dem festen Nährboden können sie sich nicht mehr miteinander vermischen, und so hat man die verschiedenen Hefearten voneinander getrennt. Man kann sie nun einzeln weiterzüchten und untersuchen.

Zur Identifizierung einer Hefekolonie wird zunächst mikroskopisch die Form der Hefezellen und ihre Größe festgestellt. Weiterhin wird untersucht, ob Pseudomyzel oder echtes Myzel gebildet wird und ob Ascosporen vorkommen. Dazu finden verschiedene Spezialnährböden Verwendung. Anhand des morphologischen Bildes ist in den meisten Fällen bereits eine Einordnung in eine Gattung möglich. Soll die genaue Art bestimmt werden, so sind weitere chemische Untersuchungen notwendig. Die Hefen unterscheiden sich deutlich in der Fähigkeit, verschiedene Zucker zu vergären und zu assimilieren. So kann die Bäckerhefe Glukose, Maltose, Saccharose und Laktose vergären. Die Eiweißhefe *Candida utilis* kann von diesen 4 Zuckerarten Maltose nicht vergären.

Die Zuckervergärung wird in besonderen Gärröhrchen geprüft, die mit Lösungen der zu untersuchenden Zuckerarten gefüllt werden. Tritt nach Zugabe der Hefe Gasbildung ein, so wird der Zucker vergoren. Wird kein Gas gebildet, so kann die Hefe den betreffenden Zucker nicht vergären.

Vermag eine Hefe eine bestimmte Zuckerart zu assimilieren, so vermehrt sie sich in der betreffenden Zuckerlösung. Fehlendes Wachstum läßt dagegen erkennen, daß sie die Zuckerart nicht assimilieren kann.

Es gibt zahlreiche weitere Untersuchungsmethoden, nach denen die physiologischen Fähigkeiten der verschiedenen Hefearten untersucht werden. Ihre Aufführung würde jedoch hier zu weit führen.

Die Genetik der Hefen

Die Ascosporen der Hefen wurden zum erstenmal 1870 von M. Rees ausführlich beschrieben. Lange Zeit herrschte aber Unklarheit darüber, ob die Ascosporenbildung bei Hefen als Teil eines Sexualvorganges anzusehen ist oder ob sie parthogenetisch gebildet werden. Emil Christian Hansen beobachtete im Jahre 1891, daß Ascosporen von *Saccharomycodes ludwigii* miteinander verschmelzen können. Er sah darin jedoch keinen Sexualprozeß. Dies wurde erst einige Jahre später angenommen, als man entdeckte, daß die Sporenkopulation mit einer Kernverschmelzung einhergeht und daß auch vegetative Hefezellen miteinander kopulieren können. Heute weiß man, daß bei den Hefen ein sexueller Entwicklungskreislauf stattfindet. Wie bei den höheren Lebewesen kennt man eine Haplophase mit nur einem Satz Chromosomen pro Kern und die aus dem Befruchtungsprozeß hervorgehende Diplophase, in der zwei Chromosomensätze pro Kern enthalten sind. Die Untersuchungen der Hefechromosomen sind jedoch sehr schwierig. Das wird einmal durch ihre Kleinheit und zum anderen durch die Schwierigkeit, sie anzufärben, bedingt. Deshalb sind Chromosomenkarten, die die Lage der Gene im Chromosom aufzeigen und die besonders von der Taufliege *(Drosophila)* so bekannt geworden sind, für Hefen bis jetzt völlig unbekannt. Man weiß noch nicht einmal genau, wieviel Chromosomen zu einem Chromosomensatz gehören.

Winge und Laustsen haben sich große Verdienste auf dem Gebiet der Hefegenetik erworben, indem sie Tetradenanalysen durchführten. Als Tetraden bezeichnet man die vier Ascosporen eines Sporenschlauches, die durch zwei Teilungen aus dem diploiden Ascuskern entstehen. Eine dieser Teilungen ist eine Reduktionsteilung, durch die der diploide Chromosomensatz des Ascuskernes geteilt wird. Die Kerne der Ascosporen sind demnach haploid. Winge und Laustsen isolierten die 4 Ascosporen eines Sporenschlauches voneinander mit Hilfe eines Mikromanipulators. Die vier isolierten haploiden Sporen züchteten sie getrennt weiter und beobachteten unter dem Mikroskop ihre Entwicklung.

Auf Grund dieser Untersuchungen und durch die von C. und G. Lindegren durchgeführten Erbanalysen wissen wir, daß bei den Hefen verschiedene Geschlechter vorkommen. Wie bei den niederen

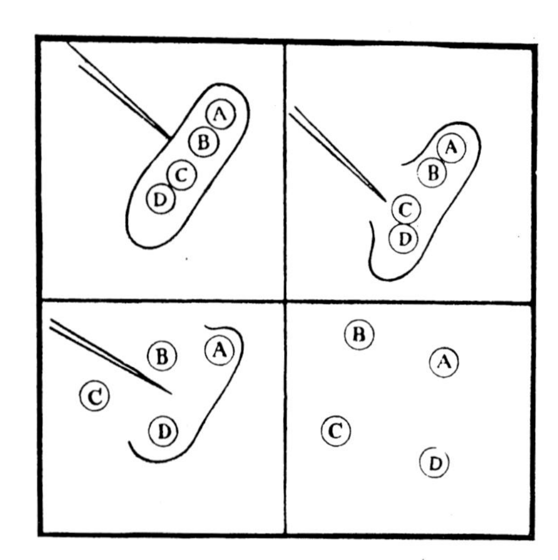

Abb. 57. Schema der Sporenisolierung aus einem Ascus mit Hilfe des Mikromanipulators. Die voneinander getrennten Sporen können in ihrer Entwicklung einzeln weiter verfolgt werden.

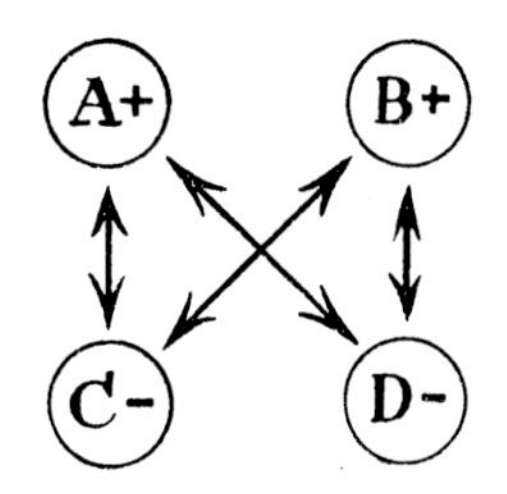

Abb. 58. Schema der Sporenkopulation. Die Sporen A+, B+ und C–, D– sind jeweils von gleichem Geschlecht. Da normalerweise nur verschiedengeschlechtliche Sporen miteinander kopulieren, kommen die Kombinationen AB und CD nicht vor.

Pflanzen spricht man auch bei den Hefen nicht von männlich und weiblich, sondern vom + und —Geschlecht. In einem Ascus mit 4 Sporen sind gewöhnlich 2 Sporen + und 2 Sporen —geschlechtlich. Die + und —Sporen sind äußerlich nicht voneinander zu unterscheiden. Sie haben gleiche Gestalt, unterscheiden sich aber bei der Kopulation. Normalerweise kopulieren nur verschiedengeschlechtliche Sporen miteinander. Die Kopulation findet nicht nur zwischen Ascosporen statt. So können die Ascosporen durch Sprossung auskeimen und haploide Sproßzellen bilden, die dann erst miteinander kopulieren.

Danach werden zwei Typen von Hefen unterschieden; bei dem einen Typ sind die vegetativen Zellen mit einem haploiden Chromosomensatz ausgerüstet und können direkt miteinander kopulieren.

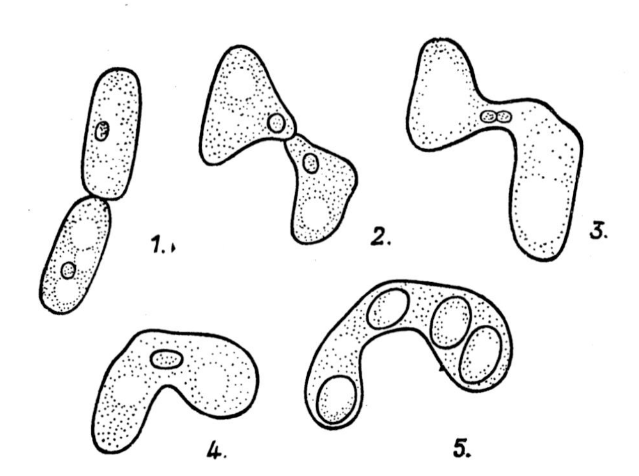

Abb. 59. *Schizosaccharomyces pombe* Lindner. Isogame Kopulation nach Guillermond. 1. und 2.: Beginnende Kopulation zweier haploider Zellen. 3. Anfangsstadium der Kernverschmelzung. 4. Sporenschlauch mit diploidem Kern. 5. Sporenschlauch mit 4 Sporen. Da bei der Ausbildung der Sporen eine Reduktionsteilung stattfindet, sind die Sporenkerne wieder haploid.

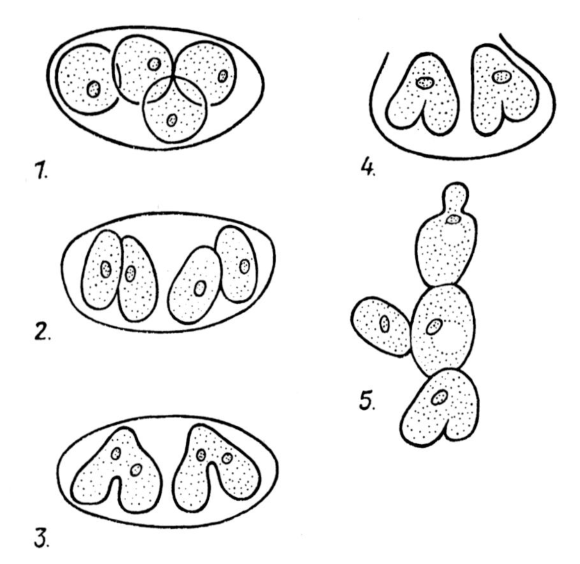

Abb. 60. Sporenkopulation bei *Saccharomycodes* nach Guillermond. 1. Ein Sporenschlauch mit 4 haploiden Sporen. 2. und 3. Paarweise Kopulation der Sporen. 4. Die haploiden Sporenkernpaare sind jeweils zu einem diploiden Kern verschmolzen. Der Sporenschlauch ist aufgerissen. 5. Eine diploide Spore (Zygote) ist zu diploiden vegetativen Zellen ausgekeimt.

Dazu gehören z. B. die in den Gattungen *Schizosaccharomyces* und *Debaryomyces* zusammengefaßten Arten. Sind die miteinander kopulierenden Zellen gleichgroß, so spricht man von isogamer Kopulation. Bei der Heterogamie sind die miteinander kopulierenden Zellen ungleich groß. Der kleinere Partner wird Mikrogamet, der größere Makrogamet genannt.

Bei dem zweiten Kopulationstyp sind die vegetativen Zellen diploid und kopulieren normalerweise nicht miteinander. Die vegetativen Zellen können direkt zum Ascus werden. Durch eine Reduktions- und eine Gleichungsteilung entstehen die vier haploiden Ascosporen, die miteinander kopulieren. Zu diesem Typus gehören die Gattungen *Saccharomyces* und *Sacccharomycodes.*

Durch die Kopulation, die mit der Verschmelzung des + und —geschlechtlichen Zellkerns verbunden ist, entstehen diploide Zellen, deren Kerne die beiden vereinigten haploiden Chromosomensätze enthalten.

Da durch die Chromosomen weitgehend die morphologischen und chemischen Eigenschaften bestimmt werden, besteht durch die Kreuzung von zwei artverschiedenen haploiden Sporen oder vegetativen Zellen die Möglichkeit, Hefen mit neuen Eigenschaften zu züchten.

Tatsächlich ist es gelungen, Sporen von verschiedenen Hefearten miteinander zu kreuzen. Dabei gelangte man zu der interessanten Feststellung, daß die Fähigkeit, bestimmte Enzyme zu bilden, ein dominantes Merkmal ist, das heißt, daß bei der Kreuzung einer Hefe, die ein bestimmtes Enzym enthält, mit einer Hefe, die es nicht enthält, von der ersten Nachkommengeneration das Enzym stets gebildet wird. Diese Ergebnisse sind für die Zweige der technischen Mikrobiologie, wie z. B. das Brauwesen, besonders wichtig.

Obwohl die bisherigen Untersuchungen zunächst aus rein theoretischen Erwägungen durchgeführt wurden, so eröffnen sie auch günstige Aussichten für die Praxis. Prinzipiell dürfte es möglich sein, aus zwei verschiedenen Hefearten, die je eine günstige Eigenschaft mitbringen, eine neue Hefe zu züchten, die beide Merkmale in sich vereinigt. Leider lassen sich nicht alle Hefearten willkürlich miteinander kreuzen, und die Zahl der keimfähigen Sporen von Hybriden ist gering. Darüber hinaus gibt es noch viele Unklarheiten auf dem Gebiet der Hefegenetik, die einen sehr jungen Wissenschafts-

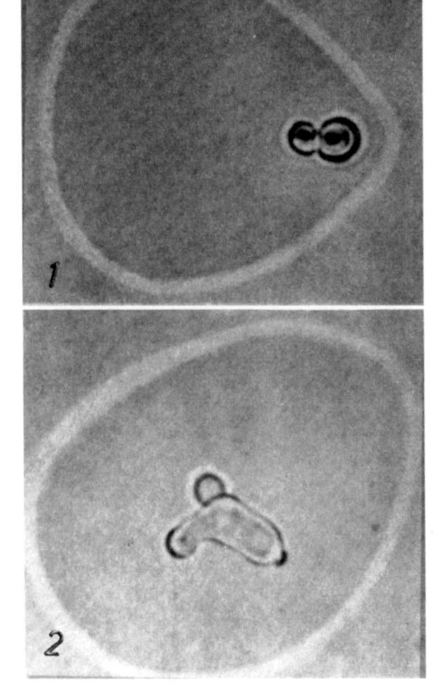

Abb. 61. Sporenkreuzung. 1. Links eine Spore (Mikrogamet) von *Saccharomyces validus* Hansen. Sie kopuliert mit einer Spore (Makrogamet) von *Saccharomyces cerevisiae*, Hansen. Die Sporen wurden mit Hilfe eines Mikromanipulators in einem Flüssigkeitstropfen zusammengebracht. 2. Die durch die Verschmelzung der beiden Sporen entstandene Zygote keimt aus.

Abb. 62. Hefekreuzung. Obere Reihe: Links eine Riesenkolonie von *Saccharomyces cerevisiae* Hansen, die mit *Saccharomyces validus* Hansen (rechts) gekreuzt wurde. Untere Reihe: Riesenkolonien der aus der Kreuzung hervorgegangenen Hybriden.

zweig verkörpert. Nicht immer folgt die Vererbung nach den für die höheren Pflanzen allgemein gültigen Mendelschen Regeln, und in vieler Hinsicht bestehen Widersprüche zwischen den Meinungen und Ergebnissen der verschiedenen Forscher. Dazu gehört auch die den Praktiker interessierende Frage, ob mit tetra- bzw. polyploiden Hefen die gleichen Erfolge erzielt werden können wie mit den polyploiden höheren Kulturpflanzen. Die zukünftigen Forschungsarbeiten werden uns der Lösung dieser Probleme näherbringen.

Für den Genetiker ist die Erforschung der Sexualvorgänge bei Hefen sowie auch bei einigen anderen Pilzen aus einem Grund besonders interessant: Bei diesen Organismen können die haploiden Tetradenzellen getrennt weiter vermehrt werden, und ihre charakteristischen morphologischen und vor allem physiologischen Eigenschaften sind schnell und mit einfachen Mitteln festzustellen. Bei der höheren Pflanze, wo das Pollenkorn und die Eizelle in der Samenanlage den haploiden Tetradenzellen entsprechen, sind diese Untersuchungen weitaus schwieriger oder gar unmöglich. Das gleiche gilt entsprechend für Untersuchungen an Tieren.

Hefen und Vitamine

Vitamine sind Wirkstoffe, die in der Nahrung von Mensch und Tier unbedingt enthalten sein müssen. Obwohl sie nur in äußerst geringen Mengen — meist genügen Bruchteile eines Grammes pro Tag — benötigt werden, führt ihr völliges Fehlen zu schweren Entwicklungsstörungen[1]).

Außer den tierischen Lebewesen sind auch zahlreiche Mikroorganismen auf die Zufuhr von Vitaminen angewiesen, und bei diesen wurden sie entdeckt. 1901 stellte der belgische Forscher E. Wildier fest, daß bestimmte Hefen sich nur vermehren, wenn sie außer den bis dahin als notwendig erachteten Kohlehydraten und den Mineralsalzen noch einen unbekannten Wirkstoff erhielten. Er nannte diese Substanz, die in der Bierwürze vorkommt, Bios. Heute wissen wir durch zahlreiche Forschungsarbeiten, daß das Bios mehrere Bestandteile enthält, wie

Mesoinosit	(Bios I)
Biotin	(Bios II)
Pantothensäure	(Bios III).

Darüberhinaus sind zahlreiche weitere Vitamine entdeckt worden, die von den verschiedenen Hefearten unterschiedlich entweder selbst gebildet werden können oder in ihrer Nahrung enthalten sein müssen. Auch der Bios-Komplex wird nicht von allen Hefearten als Bestandteil der Nahrung benötigt, sondern kann von vielen selbst

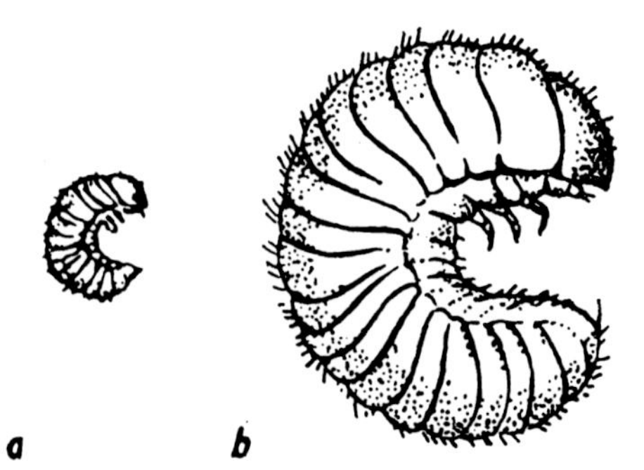

Abb. 63. Die Wirkung von Hefen als Vitamin liefernde Symbionten. a) 10 Wochen alte Käferlarve *(Sitodrepa panicea* L.), die ohne Hefesymbionten aufgezogen wurde. Sie verkümmerte durch den Mangel an Vitaminen. b) Eine gleichalte Larve, die mit Hefesymbionten im Darm aufwuchs und von diesen mit Vitaminen versorgt wurde. (Nach Koch).

[1]) vgl. hierzu: Wolburg, I. (1960): Vitamine, 2. Aufl. – Die Neue Brehm-Bücherei: 178.

Abb. 64. Biotinkristalle unter dem Mikroskop.

synthetisiert werden. Jede Hefeart, genauer gesagt, jeder Hefestamm hat einen anderen Wirkstoffbedarf. So brauchen z. B. der Eiweißhefe *Candida utilis* überhaupt keine Vitamine zugeführt werden. Sie synthetisiert sie alle selbst.

Die Wirkstoffe sind für die Hefezelle von größter Bedeutung. Sie spielen als Bestandteile von Enzymen eine wichtige Rolle bei den Stoffwechselprozessen. So ist das Vitamin B_1, auch Thiamin oder Aneurin genannt, ein Bestandteil der Decarboxylase, die bei der alkoholischen Gärung die Brenztraubensäure zu Acetaldehyd überführt. Siehe dazu das Schema auf Seite 34.

In den Hefezellen können die Vitamine in beachtlichen Mengen vorkommen. So wurden z. B. pro Gramm getrockneter Futter- und Brauereihefe folgende Mengen gefunden:

	in Brauereihefe	in Futterhefe
Vitamin B_1 (Aneurin)	150 γ[1]	6,2 γ
Vitamin B_2 (Laktoflavin)	50 γ	49 γ
Vitamin B_6 (Pyridoxin)	30 γ	–
Nikotinsäureamid	500 γ	500 γ
Pantothensäure	120 γ	–
Biotin	1,1 γ	–
Folsäure	45 γ	2,8 γ

[1] 1 000 000 γ (Gamma) = 1 Gramm.

Auch die mit Hilfe der Hefen bereiteten Getränke, wie Wein und Bier, enthalten wertvolle Wirkstoffe. Für 1 l Bier werden folgende Mengen angegeben:

40 γ	Vitamin B_1
280 γ	Vitamin B_2
470 γ	Vitamin B_6
8800 γ	Nikotinsäureamid
790 γ	Pantothensäure
5 γ	Biotin
80 γ	Folsäure

Der Mensch braucht vergleichsweise täglich etwa folgende Vitaminmengen:

Vitamin B_1	2000 γ
Vitamin B_2	1700 γ
Vitamin B_6	2000 γ
Nikotinsäureamid	20000 γ
Pantothensäure	7000 γ

Aus den Tabellen geht hervor, daß wir unserem Körper durch den Genuß von Hefen und Hefeprodukten beträchtliche Vitaminmengen zuführen können. In der Tierernährung werden die Futterhefen außer ihres hohen Eiweißgehaltes wegen auf Grund des Vitamingehaltes geschätzt. So wird beispielsweise das Wachstum des Haarkleides bei Pelztieren durch die Zufütterung von Futterhefen auf Grund der darin enthaltenen Pantothensäure gefördert.

Darüberhinaus werden zahlreiche Arzneimittel und auch Vitamine in reinster Form aus Hefe gewonnen.

Abschließend sei noch ein wichtiger Stoff genannt, der ebenfalls in der Hefezelle enthalten ist: das Ergosterin. Ergosterin selbst ist kein Vitamin, sondern eine Vorstufe eines Vitamins, ein sogenanntes Protamin. Erst durch Bestrahlung wird es zum Vitamin D. Durch Verfütterung bestrahlter Futterhefe an Kühe wird der Gehalt der Milch an Vitamin D gesteigert. Dies ist für die Säuglingsernährung von Bedeutung; denn Mangel an Vitamin D führt zur Rachitis, einer gefährlichen Knochenerkrankung.

Nachwort

In den vorhergehenden Kapiteln wurde versucht, nach dem neuesten Stand der Wissenschaft einen kurzen Überblick über das interessante Thema „Hefen“ zu geben. Es ist nicht einfach, über ein so umfangreiches Gebiet, wie es die Hefen heute darstellen, zu berichten und dabei jedem Leser gerecht zu werden. Die Auswahl des Stoffes wird stets subjektiv bleiben. Dabei wird der eine Leser mitunter etwas überfordert worden sein, während der andere gern noch etwas mehr erfahren hätte.

Wir möchten diesen Leserkreis auf die im Literaturverzeichnis aufgeführten Werke aufmerksam machen, in denen er weitere Einzelheiten und ausführlichere Darstellungen findet.

Erklärung der Fachausdrücke

abzentrifugieren	abtrennen.
aerob	bei Gegenwart von Luft (Sauerstoff).
Agar	Agar-Agar. Ein in Asien gewonnenes Algenprodukt, das ähnlich wie die Gelatine zur Verfestigung von Nährlösungen dient. Im Gegensatz zur Gelatine wird Agar nur von sehr wenigen Mikroorganismen verflüssigt.
Aminosäure	Baustein der Eiweiße.
anaerob	unter Luft(Sauerstoff)abschluß.
Analyse	Untersuchung.
analysieren	untersuchen; speziell chemisch untersuchen.
anorganisch	ohne Mitwirkung von Lebewesen entstanden.
Antibiotika	Einz.: Antibiotikum. Von Mikroorganismen gebildete oder synthetisch erzeugte Stoffe, die das Leben anderer Mikroorganismen hemmen oder sie schädigen. Gegen Krankheitserreger wirksame Antibiotika finden als Heilmittel Verwendung. Am bekanntesten ist das Penizillin, das aus Pilzen der Gattung *Penicillium* gewonnen wird.
Aroma	Duft(stoff).
Assimilation	Stoffwechselprozeß der Pflanzen, bei dem anorganische Stoffe in körpereigene umgewandelt werden. Im engeren Sinne versteht man darunter nur die Aufnahme des Kohlenstoffs und seinen Einbau in das Zuckermolekül. Im weiteren Sinne des Wortes wird speziell in der Mikrobiologie jede Aufnahme eines Nährstoffs als Assimilation bezeichnet.
autotroph	Auf Grund des unterschiedlichen Erwerbs von Kohlehydraten werden bei den pflanzlichen Organismen die autotrophen — die ihre gesamten Kohlehydrate in sich selbst erzeugen — von den heterotrophen — die für ihre Ernährung den Zusatz fertiger organischer Kohlenstoffverbindungen benötigen — unterschieden.
Bakterien[1]	Einzahl: Bakterium. Spaltpilze. Einzellige, mikroskopisch kleine Organismen ohne echten Zellkern, die sich durch Spaltung (Zweiteilung) vermehren. Nach der äußeren Form unterscheidet man zwischen kugelförmigen Kokken, spiralförmigen Spirillen und stäbchenförmigen Bakterien, den Bakterien im engeren Sinne. — Bakterien sind im Boden, im Wasser und in der Luft verbreitet. Bestimmte Arten sind die Erreger von Infektionskrankheiten.

[1]) vgl. auch Taubeneck, U. (1954): Die Bakterien, 2. Aufl. — Die Neue Brehm-Bücherei: **66**.

Bakteriengeißel	fadenförmiger Anhang der Bakterien, der zur Fortbewegung dient.
Bazillen	sporenbildende Bakterien.
Bierkrankheit	unerwünschte, meist von Mikroorganismen bewirkte Veränderung des Bieres, die die Qualität verschlechtert.
Biochemie	Chemie der Lebensprozesse.
biochemisch	die chemischen Vorgänge der Lebensprozesse betreffend.
Biokatalysatoren	Katalysatoren sind chemische Stoffe von großer Wirksamkeit, deren bloße Anwesenheit in geringen Mengen einen chemischen Vorgang hemmt oder fördert. Biokatalysatoren sind die Katalisatoren der Lebensprozesse.
Botanik	Pflanzenkunde.
Brutschrank	Wärmeschrank mit regulierbarer Temperatur.
Bukett	Duft, Blume des Weines.
Chitin	chemisch mit der Zellulose verwandter Stoff, der jedoch Stickstoff enthält.
Chlamydosporen	Sporen, die durch den Zerfall von Hyphen in Einzelstellen entstehen.
Chlorophyll	Blattgrün, grüner Farbstoff der Pflanzen.
Chromosomen	fadenartige Gebilde des Zellkerns. Träger der Erbanlagen (Gene). Die Gesamtheit der Ch. eines Zellkerns werden als Chromosomensatz bezeichnet.
definieren	genau beschreiben.
Destillation	Trennung von Flüssigkeitsgemischen durch Verdampfen und anschließendes Wiederverflüssigen durch Abkühlen.
diagnostizieren	die Artzugehörigkeit bestimmen.
diploid	einen doppelten Chromosomensatz enthaltend.
Diplophase	Entwicklungsstadium mit doppeltem Chromosomensatz.
Disaccharid	Zucker, der aus zwei einfachen Zuckermolekülen zusammengesetzt ist, z. B. Saccharose.
Elektronenmikroskop	Vergrößerungsgerät, bei dem nicht Licht-, sondern Elektronenstrahlen benutzt werden. Während die Grenze des Auflösungsvermögens beim Lichtmikroskop bei etwa 0,2 μ liegt, können mit dem Elektronenmikroskop noch Teilchen von wenigen mμ wahrgenommen werden.
Enzyme = Fermente	in lebenden Zellen gebildete Wirkstoffe, die die Stoffwechselvorgänge lenken. Siehe auch Biokatalysatoren.
fakultativ	wahlweise.
Ferment	siehe Enzym.

Fermentierung	Gärprozeß.
fettspaltende Hefen	Hefen, die fettabbauende Enzyme bilden.
Flora	Gesamtheit der pflanzlichen Lebewesen.
Gen	Erbfaktor, Teil des Chromosoms.
Genetik	Vererbung, Vererbungslehre.
Gleichungsteilung	Zellteilung bei der die Tochterzellen die gleiche Chromosomenzahl wie die Mutterzellen erhalten.
haploid	einen einfachen Chromosomensatz enthaltend.
Haplophase	Entwicklungsstadium mit einem Satz Chromosomen. Siehe hierzu Diplophase.
heterotroph	siehe bei autotroph.
Hexosen	Zucker, die sechs Kohlenstoffatome enthalten; z. B. Glukose.
hochmolekular	aus zahlreichen Molekülen zusammengesetzt.
Holzhydrolysat	durch Säure aufgeschlossenes Holz. Im Holzhydrolysat ist die Zellulose zu Glukose abgebaut.
Homo sapiens	wissenschaftliche Bezeichnung für den Menschen.
Hybriden	Bastarde, Pflanzenmischlinge.
Hyphe	Pilzfaden.
identifizieren	mit bekannten Organismenarten vergleichen.
Identifizierung	die Bestimmung der Artzugehörigkeit.
identisch	übereinstimmend.
Infektion	Ansteckung; in der Mikrobiologie das Eindringen von unerwünschten Mikroorganismen.
Infektionskrankheit	ansteckende Krankheit, die von Mikroorganismen oder Viren hervorgerufen wird.
isolieren	abtrennen.
Kampfer	aus dem Holz des Kampferbaumes gewonnener Stoff.
Kelterei	Wein herstellender Betrieb.
Kernverschmelzung	geschlechtliche Vereinigung eines männlichen und eines weiblichen Zellkerns.
Kohlehydrate	organische Verbindung aus Kohlenstoff, Wasserstoff und Sauerstoff der allgemeinen Formel $Cx(H_2O)y$. Vorwiegend Pflanzenprodukte, wie z. B. Glukose und die daraus aufgebaute Stärke.
konservieren	haltbar machen.
Kopulation	Befruchtung. Geschlechtliche Vereinigung einer männlichen und einer weiblichen Zelle.
kopulieren	das geschlechtliche Verschmelzen einer männlichen und einer weiblichen Zelle.
Küfer	Kelleraufseher in der Kelterei.
Medikament	Heilmittel.
Melasse	Rückstand bei der Zuckerherstellung, der noch ca. 50 % Zucker enthält.
Membran	dünne Haut.

Mikromanipulator	Zusatzgerät zum Mikroskop, das feinste Operationen an einzelnen Zellen ermöglicht.
mineralisch	zu den festen anorganischen Stoffen gehörend.
Molekül	chemische Verbindung, die aus mindestens zwei Atomen zusammengesetzt ist.
Molke	Abfallprodukt der Molkereien. Zuckerhaltige Flüssigkeit, die bei der Quarkbereitung anfällt.
Monosaccharid	Einfachzucker, der nicht in andere, kleinere Zuckermoleküle zerlegt werden kann; z. B. Glukose. Siehe dazu auch Polysaccharid.
Morphologie	Lehre von der Gestalt, der Form.
morphologisch	die Gestalt betreffend.
Mutante	ein Organismus, dessen Erbmasse durch natürliche oder künstliche Einflüsse verändert wurde.
My (μ)	griechischer Buchstabe, Längeneinheit. $1\ \mu = 1 = 1/1000$ mm.
Myzel	Pilzgeflecht, das aus den Hyphen (Pilzfäden) gebildet wird.
Nährboden	Durch den Zusatz von Agar oder Gelatine verfestigte Nähr(stoff)lösung zur Züchtung von Mikroorganismen.
niedermolekular	aus wenigen Molekülen bestehend.
Nukleoide	kernähnliche Gebilde der Bakterien.
organisch	zu den Kohlenstoffverbindungen gehörend.
Organismus	Mikroorganismus, Lebewesen.
osmophil	hohen Zuckergehalt liebend.
parthenogenetisch	ohne geschlechtliche Vorgänge.
pathogen	krankheitserregend.
Pentosen	Zucker, die fünf Kohlenstoffatome enthalten; z. B. der Holzzucker Xylose.
Peptide	hochmolekulare Eiweißabbauprodukte.
Peptone	hochmolekulare Eiweißabbauprodukte.
Pessimist	Schwarzmaler.
Petrischale	runde Glasschale mit flachem Boden und senkrechtem Rand.
pH-Wert	Wasserstoffionenkonzentration, Maß für den Säure- bzw. Alkalitätsgrad; umfaßt die Werte 1-14, pH 1: stark sauer, pH 7: neutral, pH 14: stark alkalisch. Hefen bevorzugen einen pH-Wert von etwa 5.
physiologisch	die Lebensvorgänge betreffend.
polyploid	mehrere Chromosomensätze enthaltend.
Polysaccharid	Kohlehydrat, das aus zahlreichen kleinen Molekülen der Einfachzucker zusammengesetzt ist; z. B. Stärke.
Poren	kleine Öffnungen.
prophezeien	vorhersagen.

Protein	Eiweiß.
Schimmelpilz	vorwiegend Hyphen bildender Pilz.
Sexualvorgang	Geschlechtsvorgang.
sexuell	geschlechtlich.
sterilisieren	keimfrei machen.
Sulfonamide	Schwefel-Stickstoff-Verbindungen enthaltende synthetische Heilmittel.
Symbiose	enges Zusammenleben verschiedenartiger Lebewesen zu beiderseitigem Nutzen. Die Lebenspartner einer Symbiose nennt man Symbionten.
synthetisch	auf chemischem Wege hergestellt.
synthetisieren	eine chemische Verbindung aufbauen.
Systematik	Untersuchung, Beschreibung und Einordnung der Lebewesen nach ihren natürlichen verwandtschaftlichen Beziehungen (in ein natürliches System).
technische Mikrobiologie	(industriell) angewandte Mikrobiologie.
tetraploid	vier Chromosomensätze enthaltend.
toxisch	giftig.
vegetativ	ungeschlechtlich.
Viren	Einzahl: Das Virus. Hochmolekulare Eiweißstoffe, die sich in vieler Hinsicht wie Mikroorganismen verhalten, jedoch nicht zu den echten Lebewesen gerechnet werden.
Zentrum	Mitte, Mittelpunkt.
Zoologie	Tierkunde.

Literaturverzeichnis

Beyer, H.: Lehrbuch der Organischen Chemie. 3. und 4. Auflage. S. Hirzel-Verlag, Leipzig, 1955.

Cook, A. H.: The Chemistry and Biology of Yeasts. Academic Press. Inc. Publishers, New York, 1958.

Glaubitz, M. und R. Koch: Atlas der Gärungsorganismen. 2. Auflage. P. Parey, Berlin und Hamburg, 1958.

Jörgensen, A. und A. Hansen: Mikroorganismen der Gärungsindustrie. 7. Auflage, Verlag Hans Carl, Nürnberg, 1956.

Lehnartz, E.: Einführung in die Chemische Physiologie. 10. Auflage. Springer-Verlag, Berlin—Göttingen—Heidelberg, 1952.

Lodder, J. und N. J. W. Kreger-van Rij: The Yeasts. A Taxonomic Study. North-Holland Publishing Company Amsterdam, Interscience Publishers, Inc. New York, 1952.

Prescott, S. C. und C. G. Dunn: Industrielle Mikrobiologie. VEB Deutscher Verlag der Wissenschaften Berlin, 1959.

Rassow, B. und K. Schwarze: Ost-Rassow, Lehrbuch der chemischen Technologie. 26. Auflage. Johann Ambrosius Barth Verlag, Leipzig, 1955.

Rippel-Baldes, A.: Grundriß der Mikrobiologie. 3. Auflage. Springer-Verlag, Berlin—Göttingen—Heidelberg, 1955.

Salle, A. J.: Fundamental Principles of Bacteriology. Mc Graw-Hill Publishing Company Ltd. New York—London—Toronto, 1954.

Skinner, C. E., C. W. Emmons and H. M. Tsuchiya: Henrici's Molds Yeasts, and Actinomycetes. John Wiley & Sons, Inc. New York, 1951.

Bildnachweis

Autor: Abb. 19, 25, 26, 27, 31, 37, 39, 51, 52, 53, 57, 58, 59, 60, 64.

Buchner, P. „Endosymbiose der Tiere mit pflanzlichen Mikroorganismen, Verlag Birkhäuser, Basel 1953; Abb. 20, 23, 63.

Conant, N. F., D. T. Smith, R. D. Baker, J. D. Callaway and D. S. Martin „Manual of Clinical Mycology. London 1947; Abb. 22.

Dickscheit, R. „Leitfaden für den Brauer und Mälzer". VEB Fachbuch-Verlag, Leipzig 1953; Abb. 34, 35.

Förster, K. „Die Welt der Mikroben", A. Ziemsen Verlag, Wittenberg Lutherstadt, 1956; Abb. 41, 42.

Hashimoto, T., S. F. Conti und H. B. Naylor, Journal of Bacteriology 77 (1959); Abb. 5, 10, 11.

Institut für Mikrobiologie der Humboldt-Universität zu Berlin: Abb. 4, 6, 7, 8, 12, 13, 17, 18, 21, 29, 32, 36, 40, 45, 47, 48, 50, 54, 55, 56.

De Kruif, P. „Mikrobenjäger". Füssli-Verlag, Zürich, 6. Aufl. 1937: Abb. 2.

Lodder, J. and N. J. W. Kreger — van Rij „The Yeasts, A Taxonomic Study". North-Holland Publishing Company, Amsterdam 1952: Abb. 14, 15, 16, 33, 43, 44, 46, 49.

Nicolle, J. „Louis Pasteur", Verlag Volk und Gesundheit, Berlin 1959: Abb. 24.

Prescott, S. C. und C. G. Dunn „Industrielle Mikrobiologie". VEB Deutscher Verlag der Wissenschaften, Berlin 1959: Abb. 9.

Schwär, Ch. „Die Stärke", Die Neue Brehm-Bücherei 224, A. Ziemsen Verlag, Wittenberg Lutherstadt, 1958: Abb 28.

Troost, G. „Die Technologie des Weines", Verlag Ulmer, Stuttgart, 1959: Abb. 30.

Winge, Ö. und O. Laustsen: Comptes rendus trav. lab. Carlsberg 22 (1938): Abb. 61, 62.

Werkfoto, VEB Agfa, Wolfen: Abb. 38a und b.

Werkfoto, VEB Zeiss, Jena: Abb. 3.

Zentralbild Berlin: Abb. 1.

Sachwortverzeichnis